校企(行业)合作
系列教材

电力系统实验指导

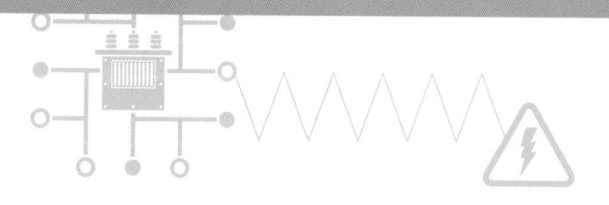

林亚君 ◎ 主编

厦门大学出版社
XIAMEN UNIVERSITY PRESS
国家一级出版社
全国百佳图书出版单位

图书在版编目(CIP)数据

电力系统实验指导/林亚君主编. —厦门:厦门大学出版社,2018.12
ISBN 978-7-5615-7117-0

Ⅰ.①电… Ⅱ.①林… Ⅲ.①电力系统—实验 Ⅳ.①TM7-33

中国版本图书馆 CIP 数据核字(2018)第 250105 号

出 版 人	郑文礼
策划编辑	张佐群
责任编辑	郑 丹
封面设计	蒋卓群
技术编辑	许克华

出版发行 厦门大学出版社

社　　址　厦门市软件园二期望海路 39 号
邮政编码　361008
总 编 办　0592-2182177　0592-2181406(传真)
营销中心　0592-2184458　0592-2181365
网　　址　http://www.xmupress.com
邮　　箱　xmupress@126.com
印　　刷　厦门集大印刷厂

开本　787 mm×1 092 mm　1/16
印张　8.75
插页　1
字数　146 千字
版次　2018 年 12 月第 1 版
印次　2018 年 12 月第 1 次印刷
定价　32.00 元

本书如有印装质量问题请直接寄承印厂调换

厦门大学出版社
微信二维码

厦门大学出版社
微博二维码

前　言

本书以引进浙江求是公司的"EAL-Ⅱ电力系统自动化实验装置"为契机，结合电力系统分析的基本理论进行编写，作为电力系统分析、电力系统继电保护课程的教学实验编写的实验指导书。

EAL-Ⅱ电力系统自动化实验装置中的微机准同期装置、微机励磁系统、微机调速系统采用 Cortex-M3 核的 STM32F103 芯片为控制核心，软件核心控制部分基于 UCOSⅡ 的实时操作系统编写而成，人机交互界面由触摸屏构成，装置除可适用于电力、电气类各专业本科生相关课程的教学实验以外，还可用于本、专科的课程设计实验，并可作为研究生和教师的产品开发及电力系统工程技术人员培训的工作平台。

全书分为五章，前四章主要内容为电力系统综合自动化实验平台简介、发电机组的运行、同步发电机准同期并列运行、电力系统分析综合实验。第五章为电力系统分析课程设计，通过课程设计的示例帮助学生初步掌握工程设计的过程和编程方法。

本书可作为高等学校电气工程及自动化专业继电保护实验课程教学实验指导书，也可作为电力技术类相关专业高职高专学生的实验指导书，同时还可作为电力工程人员的参考书。

本书在编写过程中参考了许多相关的教材、手册、专著，在此向所有作者表示诚挚的谢意！

由于编著者学识水平有限，书中可能存在不足和错漏之处，敬请使用本书的广大师生和工程技术人员指正。

编著者

2018 年 5 月

目　录

第一章　电力系统综合自动化实验平台简介

电力系统综合自动化实验平台是一套集多种功能于一体的综合型实验装置,展示了现代电能发出和输送全过程的工作原理。在实验平台上既能完成独立机组的性能测试,也能进行专业知识的综合性研究,便于学生运用所学的知识进行理论性验证,可以较好地培养学生的实际动手能力、综合应用能力和创新能力。

电力系统分析的课程实验是在电力系统综合自动化实验平台上完成的。通过电力系统综合自动化实验平台的各种操作实验,学生可以更好地掌握电力系统稳态运行与暂态过程的基本原理和运行特性,进一步加深对电力系统分析理论的理解,培养、提高独立动手能力和分析、解决问题的能力。

本章主要介绍电力系统综合自动化实验平台的主要单元及其原理、实验的基本要求和安全操作说明。

第一节　电力系统综合自动化实验平台构成

EAL-Ⅱ电力系统综合自动化实验平台由 EAL-Ⅱ电力系统综合自动化实验台(简称"实验台")、EAL-Ⅱ电力系统综合自动化控制柜(简称"控制柜")、发电机组等组成。下面介绍电力系统综合实验平台的构成部分。

一、电力系统综合自动化实验台

实验台包括以下五个单元。

(一)输电线路单元

采用双回路输电线路,每回输电线路分两段,并设置有中间开关站,可以构成四种不同的联络阻抗,还可以通过连接多个实验台进行组网运行。输电线路的具体结构如图1-1所示。

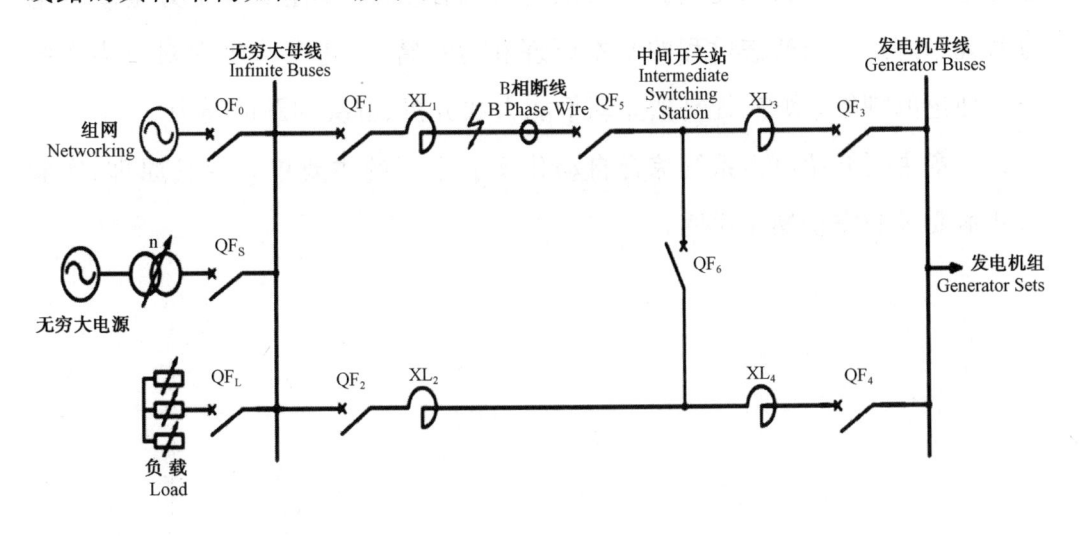

图 1-1　单机-无穷大系统电力网络结构图

输电线路分"可控线路"和"不可控线路",线路有 XL_1、XL_2、XL_3、XL_4,可以切换成不同的线路,在线路 XL_1 上可设置故障,该线路为"可控线路",其他线路不能设置故障,为"不可控线路"。

(1)"不可控线路"的操作。

操作"不可控线路"上的断路器的"合闸"或"分闸"按钮,可投入或切除线路。按下"合闸"按钮,红色按钮指示灯亮,表示线路接通;按下"分闸"按钮,绿色按钮指示灯亮,表示线路断开(操作绿色按钮表示启动,操作红色按钮表示断开)。

(2)"可控线路"的操作。

在"可控线路"上预设有短路点和非全相运行控制点,并在该线路上装有"微机线路保护装置",通过控制 QF_1 和 QF_5 可实现过流保护,并具备自动重合闸功能。QF_1 和 QF_5 上的两组指示灯亮或灭分别代表 QF_1 和 QF_5 的 A相、B 相和 C 相的三个单相开关的合或分状态。

(3)中间开关站的操作。

中间开关站是为了提高暂态稳定性而设计的。不设中间开关站时,如果双回路中有一回路发生严重故障,则整条线路将被切除,线路的总阻抗将增大一倍,这对暂态稳定是很不利的。

如果设置了中间开关站,即通过开关 QF_6 的投入,在距离发电机侧线路全长的 1/3 处,将双回路并联起来,XL_1 上发生短路,保护将 QF_1 和 QF_5 切除,线路总阻抗也只增大 2/3,与无中间开关站相比,这将提高暂态稳定性。中间开关站线路的操作同"不可控线路"。

(4)实验台面板左下方还设置了可改变的负载,可以通过负载切换开关来切换负载 LD_1、LD_2、LD_3,QFR 是控制总负载的开关,要投入负载时先闭合 QFR。

(二)监测仪表单元

采用模拟式仪表,测量信号为交流信号。包括 3 只交流电压表、3 只交流电流表、1 只频率表、1 只三相有功功率表、1 只三相无功功率表和 1 只功率因数表。

仪表测量如下电量参数:发电机定子电压、电流和频率;输电线路发电机侧(送端)和无穷大系统侧(受端)的有功功率、无功功率和功率因数;开关站电压;无穷大系统侧电压和频率。各测量仪表的量程和精度等级见表 1-1。

注:各仪表请不要超量程使用,以免损坏设备。

表 1-1　实验台各仪表量程和精度

序号	仪表名称	量程
1	发电机电压表	0～450 V
2	发电机频率表	45～55 Hz
3	开关站电压表	0～450 V
4	A 相电流表	0～10 A
5	B 相电流表	0～10 A
6	C 相电流表	0～10 A
7	有功功率表	0～3 kW
8	无功功率表	−1～3 kVar
9	功率因数	超前 0.5～滞后 0.5
10	系统电压表	0～450 V

(三)短路故障设置单元

实验台面板右下方有短路类型设置模块,此单元用来在输电线路上设置短路故障,设置短路只需投入相应的按钮。可以设置单相对地、两相对地、相间短路和三相短路故障。

(四)无穷大系统

无穷大系统由交流 380 V 市电经 15 kV·A 自耦变压器组成。通过调整自耦变压器的电压可以改变无穷大系统的电压。

(五)外围设备接口单元

外设接口分布在实验台的右侧和背面,右侧为电源插头,背面有三个航空插头,具体有四芯航空插头为组网连接插头,26 孔芯航空插头为微机保护连接插头,26 针芯航空插头为控制柜连接插头。

二、EAL-Ⅱ型电力系统综合自动化控制柜

控制柜包括以下五个单元。

（一）测量仪表单元

采用指针式测量仪表，包括1只直流电压表、2只直流电流表和1只交流电压表。可测量如下电量参数：原动机电枢电流、发电机励磁电压、发电机励磁电流和电源电压。各测量仪表的量程见表1-2。

注：各仪表请不要超量程使用，以免损坏设备。

表1-2　控制柜各测量仪表量程

序号	仪表名称	量程
1	电源电压表	0～450 V
2	原动机电枢电流表	0～25 A
3	发电机励磁电压表	0～300 V
4	发电机励磁电流表	0～10 A

（二）原动机控制单元

QSTSXT-Ⅱ（微机调速系统）的具体功能如下：

（1）提供原动机电枢电压。

（2）并网前，测量并调节原动机转速；并网后，调节原动机的有功功率输出。

（3）具有三相电源相序判断、电源欠压、电源过压、电源过流、电枢过压、电枢过流、过速、失磁8种保护措施。

注：由于保护操作是停机，因此有些保护在并网时退出。

（三）发电机励磁单元

QSLCXT-Ⅱ（微机励磁系统）的具体功能如下：

（1）提供发电机励磁电压。

（2）采用PI调节，具有恒U_g（发电机端电压），恒压精度为$0.5\% U_{gN}$（发电机额定电压）。

（3）能够测量三相电压、电流、有功功率、无功功率、励磁电压和励磁电流等电量参数；具有恒α角、恒励磁电流I_L、恒发电机电压U_g三种调节功能；具有过励限制、欠励限制、伏赫限制、调差和强励功能；具有在线修改控制参数的功能。

（四）准同期单元

QSZTQ-Ⅱ（微机准同期系统）能实时显示发电机电压、系统电压、压差、频差，并网后显示实测导前时间和功角。具有在线整定和修改频差、压差允许值和导前时间等参数的功能；具有波形观测孔，可观察三角波的位置、发电机电压波形、系统电压波形和矩形波波形等，控制并网合闸接触器。

（五）微机线路保护单元

采用微机线路保护装置，主要实现线路保护和自动重合闸等功能，配合输电线路完成稳态非全相运行和暂态稳定等相关实验项目。

三、发电机组

直流电动机和同步发电机经联轴器软连接后，固定在底盘上，机组的底盘装有四个轮子和四个螺旋式的支撑脚，构成可移动式机组，方便移动，同时，发电机组还装有光电编码器，电机参数可以查看铭牌商标。

第二节 实验的基本要求

EAL-Ⅱ型电力系统综合自动化实验平台的实验目的,在于使学生掌握系统运行的原理及特性,学会通过故障运行现象及相关数据分析故障原因,并排除故障。通过实验使学生能够根据实验目的、实验内容及测取的数据,进行分析研究,得出必要结论,从而完成实验报告。在整个实验过程中,学生必须集中精力,及时认真做好实验。现按实验过程提出下列具体要求。

一、实验前的准备

实验准备即实验的预习阶段,是保证实验能够顺利进行的必要步骤。每次实验前都应做好预习,这样才能对实验目的、步骤、结论和注意事项等做到心中有数,从而提高实验质量和效率。预习应做到:

(1)复习教科书有关章节内容,熟悉与本次实验相关的理论知识。

(2)认真学习实验指导书,了解本次实验目的和内容,掌握实验工作原理和方法,仔细阅读实验安全操作说明,明确实验过程中应注意的问题(有些内容可到实验室对照实验设备进行预习,熟悉组件的编号、使用及其规定值等)。

(3)实验前应写好预习报告,其中应包括实验系统的详细实验步骤、数据记录表格等,经教师检查认为确实做好了实验前的准备,方可开始实验。

(4)认真做好实验前的准备工作,对于培养学生独立工作能力,提高实验质量和保护实验设备、人身的安全等都具有相当重要的作用。

二、实验的进行

在完成理论学习、实验预习等环节后,就可进入实验实施阶段。实验时要做到以下几点:

(一)预习报告完整,熟悉设备

实验开始前,指导老师要检查学生的预习报告,要求学生了解本次实验的目的、内容和方法,只有满足此要求后,方能允许实验。指导老师要对实验装置做详细介绍,学生必须熟悉该次实验所用的各种设备,明确这些设备的功能与使用方法。

(二)建立小组,合理分工

每次实验都以小组为单位进行,每组由5~10人组成。实验进行中,机组的运行控制、数据记录等工作都应有明确的分工,以保证实验操作的协调,数据准确可靠。

(三)试运行

在正式实验开始之前,先熟悉仪表的操作,然后按一定规范通电接通电力网络,观察所有仪表是否正常。如果出现异常,应立即切断电源,并排除故障;如果一切正常,即可正式开始实验。

(四)测取数据

预习时应对所测数据的范围做到心中有数。正式实验时,应根据实验步骤逐次测取数据。

(五)认真负责,实验有始有终

实验完毕后,应请指导老师检查实验数据、记录的波形。经指导老师认可后,关闭所有电源,并把实验中所用的物品整理好,放至原位。

三、实验总结

实验总结是实验的最后阶段,应对实验数据进行整理、绘制波形和图表、分析实验现象并撰写实验报告。每位实验参与者要独立完成一份实验报告,对于实验报告的编写应持严肃认真、实事求是的科学态度。如实验结果与理论有较大出入,不得随意修改实验数据和结果,而应运用理论知识来分析实验数据和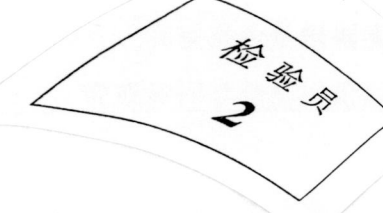实验现象,找出引起较大误差的原因。

测数据和在实验中观察发现的问题,经过自己分析研的实验总结和心得体会,应简明扼要、字迹清楚、图表整洁、结论明确。

实验报告应包括以下内容：

(1)实验名称、专业、班级、学号、姓名、同组者姓名、实验日期、室温等。

(2)实验目的、实验线路、实验内容。

(3)实验设备,仪器、仪表的型号、规格、铭牌数据及实验装置编号。

(4)实验数据的整理、列表、计算,并列出计算所用的计算公式。

(5)画出与实验数据相对应的特性曲线及记录的波形。

(6)用理论知识对实验结果进行分析总结,得出正确的结论。

(7)对实验中出现的现象、遇到的问题进行分析讨论,写出心得体会,并对实验提出自己的建议和改进措施。

(8)实验报告应写在一定规格的报告纸上,保持整洁。

(9)每次实验每人应独立完成一份报告,按时送交指导老师批阅。

第三节　实验的安全规程和安全操作说明

一、安全操作的规程

为了顺利完成电力系统综合实验台的全部实验,确保实验时人身安全与设备的安全可靠运行,实验设备通电前,实验人员必须仔细阅读实验台的简介内容和实验内容的注意事项。实验前应学习相关实验的理论和充分了解实验的内容,第一次使用设备的人员必须阅读实验设备各功能部件的操作原理。实验过程中必须认真按照实验步骤进行。实验人员必须严格遵守如下安全规程。

(1)在进行实验前,必须详细掌握各实验设备的操作方法。

(2)实验过程中,绝不允许实验人员触摸自耦调压器的输入、输出接线端子,否则人体将触电,危及生命安全。所以严禁人体任何部位触碰自耦调压器的接线端子。

(3)实验人员必须首先完成本实验台中的各种微机装置的基本操作实验,才可以进行系统实验,否则会由于对微机装置的错误操作,引起设备的损坏。

(4)发电机组与系统间的解列操作,必须保证发电机组 $P=0,Q\approx0$。因为如果发电机的出力很大,直接断开并网断路器,将使得断路器触点产生较强的"拉弧"现象,可能直接损坏断路器或缩短断路器的使用寿命,因此要先减小发电机的出力,使发电机组的有功功率 $P=0$,无功功率 $Q\approx0$。

(5)微机准同期装置、微机调速装置和微机励磁装置在实验过程中出现了设备问题,应立即停止实验,进行检修。

(6)每次实验前一定要检查微机准同期装置、微机励磁装置和微机线路保护装置是否为原始设置状态。如果不是,应立即修改相关设置。因为实验装置的原始设置状态是为大多数实验内容而设计的,只有在特定实验中才需要改变其设置参数,每次修改参数后,在实验完成后要改回原始设置,为下次实验做准备,同时每次实验前也应检查各参数的设置情况。

二、安全操作的说明

(一)插座的使用

与控制柜的电源插头配合使用的插座,一经确定后不可随意调整,原因有二:

(1)该插座容量要求 16 A,若换用其他容量较低的插座,实验时的冲击电流会导致控制柜上的电源开关跳开;

(2)该插座与控制柜插头的相序已对应,若换用的插座与控制柜插头的相序不对应,微机调速装置将弹出告警提示,如若强行做并网实验,会对仪表和发电机组产生冲击,严重时可能导致设备损坏。

(二)通电时的操作

依次合上实验台上总电源开关、三相电源开关、单相电源开关空载合线路上的断路器 QF。

1.停电时的操作

依次断开实验台上的(空载)线路上的断路器 QF、单相电源开关、三相电源开关、总电源开关。

2.开电源前

调整实验台上的切换开关的位置,确保三个电压指示为同一相电压或线电压;发电机运行方式选择并网运行开关的位置;发电机励磁方式选择自动励磁(手动励磁)开关的位置;励磁电源选择他励(自并励)开关的位置;并网方式选择手动同期(自动同期)开关的位置等。

3.微机自动装置

对于微机准同期装置、微机调速装置和微机励磁装置,必须了解微机装置的参数设置内容和所需设置参数的范围,并进行选择性设置、选取参数。

4.发电机组起动、建压、并网、双回线输电的操作

发电机组起动合上原动机断路器,通过微机调速器自动起动发电机组至

额定转速 1500 rad/min。如果转速不满足，手动调整调速器，将转速调至 1500 rad/min。

建压、并网、双回线输电：发电机励磁控制方式有微机励磁控制和手动励磁控制方式。可以任意选择其中一种方法，起励建压、并网运行时，在同时满足电压幅值差最小、频率差最小、相角差最小时，方可并网（手动、自动），同期条件满足后合上发电机断路器 QF_0。

（1）发电机组的解列和停机

调节调速装置和励磁装置，使发电机组有功功率 $P=0$，发电机无功功率 $Q=0$，断开发电机断路器（QF_0 并网断路器分闸），完成并网解列；断开实验台上的灭磁开关进行灭磁；按下微机调速装置的停止键，转速减小到 0 时关闭原动机电源完成停机。

（2）实验台的断电操作

断电时，依次断开实验台的单相电源开关、三相电源开关和总电源开关。

第二章 发电机组的运行

同步发电机是电力系统的主要设备之一,其在电力系统中具有举足轻重的地位,发电机的稳定运行是维持电网稳定的基础条件之一,为了更好地利用和保护发电机,必须清楚地了解其运行特性和主要参数。

同步发电机在转速保持恒定、负载功率因数不变的条件下,有三个主要变量:定子端电压 U、负载电流 I_g、励磁电流 I_L。三个量中保持一个为常数,求其他两个量之间的函数关系就是同步发电机的运行特性。

本章主要介绍同步发电机的起动与运转,在此基础上,保持 $I_g = 0$,确定 I_L 和 U 的关系完成空载实验;保持 U 不变,确定 I_g 和 I_L 的关系完成 V 形曲线测定实验;保持 I_L 不变,确定 U 与 I_g 的关系完成外特性实验。

第一节　发电机组的起动与运转实验

一、实验目的

(1)了解微机调速装置的工作原理,掌握其操作方法。

(2)熟悉发电机组中原动机(直流电动机)的基本特性。

(3)掌握发电机组起励建压、并网、解列和停机的操作。

二、原理说明

在本实验平台中,原动机采用直流电动机模拟工业现场的汽轮机或水轮机,微机调速系统用于调整原动机的转速和输出的有功功率;微机励磁系统用于调整发电机电压和输出的无功功率。发电机的自动化系统原理结构示意图,如图 2-1 所示。

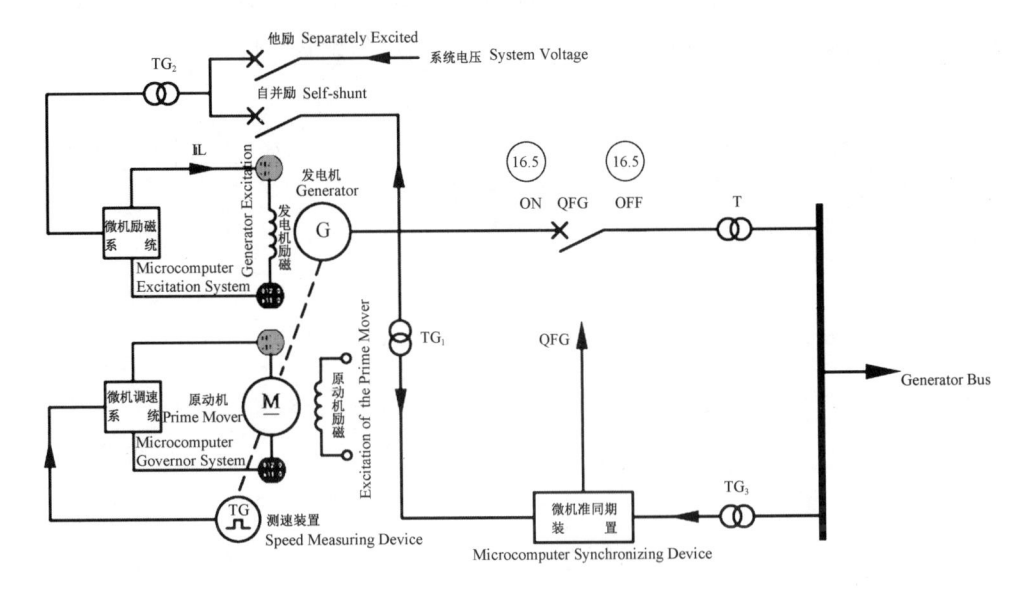

图 2-1　发电机自动化系统原理图

微机调速系统原理:装于原动机上的编码器将转速信号以脉冲的形式送入微机调速系统控制芯片中,装置内部采用 AD 方式将电枢电压采集到控制芯片中,根据不同的调节方式调节原动机的电枢电压,最终改变原动机的转速和输出功率。

微机励磁系统原理:发电机出口的三相电压信号送入微机励磁系统和微机准同期装置,三相电流信号经电流互感器也送入微机励磁系统。同时发电机励磁交流电流部分信号、直流励磁电压信号和直流励磁电流信号送入微机励磁系统,信号根据控制方式进行计算,微机励磁系统根据计算结果输出控制励磁电压,来调节发电机励磁电流。

三、实验设备

表 2-1　发电机组的起动与运转实验设备表

序号	型号	使用仪器名称	数量	备注
1	EAL-01	电源输出	1	
2	EAL-02/03	双回路输出电路	1	
3	QSTSXT-Ⅱ	微机调速系统	1	
4	QSLCXT-Ⅱ	微机励磁系统	1	
5	QSZTQ-Ⅱ	微机准同期系统	1	

四、注意事项

(1)实验开始前,需仔细阅读实验内容,严格按照实验步骤进行。

(2)操作规程:通电时,依次合上实验台上总电源开关、主电源源开关,空载合线路上的断路器;停电时,一定要先灭磁,再停机,最后断开所有电源开关。

(3)在调节原动机转速时,原动机的转速不要超过 2200 转,若超过 2200 转,则应立即关闭电源开关。

(4)在调节发电机励磁时,主控屏模拟表发动机的线电压不能超过 420 V,

触摸屏相电压不能超过 240 V。

五、实验步骤

（1）检查实验台和控制柜的连接、电机和控制柜的连接等，确保连接正常。

（2）合上总电源开关，合上主电源源开关，输电线路选择 XL_1 和 XL_3（即闭合 QFS、QF_1、QF_3 和 QF_5，红灯亮。[①]）。调节三相调压器，主控屏系统电压表显示 380 V（即通过调节三相调压器，使得无穷大电源的电压为 380 V）。

（3）打开 QSTSXT-Ⅱ（微机调速系统）、QSLCXT-Ⅱ（微机励磁系统）和 QSZTQ-Ⅱ（微机准同期系统）电源船型开关。

（4）进入 QSTSXT-Ⅱ（微机调速系统）中选择"本地控制"，如图 2-2(a)所示；在原动机控制方式界面选择"转速闭环"，如图 2-2(b)所示；在原动机恒转速控制模式界面中点击"转速设置"按钮，输入转速"1500"（1500 rad/min 为原动机的额定转速），点击"转速启动"按钮，等待原动机转速稳定，如图 2-2(c)所示。

（5）进入 QSLCXT-Ⅱ（微机励磁系统）中选择"本地控制"，如图 2-3(a)所示；在他励模式下工作方式选择界面中选择"电压闭环励磁"，如图 2-3(b)所示；点击"恒 Ug 启动"按钮，通过点击"增加"或"减少"按钮，改变发电机的线电压为 380 V 左右（可以观察主控屏发电机电压表为 380 V 或在触摸屏内观察 U 相电压：220 V 左右，V 相电压：220 V 左右，C 相电压：220 V 左右，因为主控屏模拟表显示的为线电压，触摸屏屏内采集的为相电压），使发电机电压为 380 V 左右，如果电压达不到 380 V，可以点击"增加"或"减少"按钮，如图 2-3(c)所示。

---

① 绿灯亮表示断路器为断开状态，红灯亮表示断路器为闭合状态。

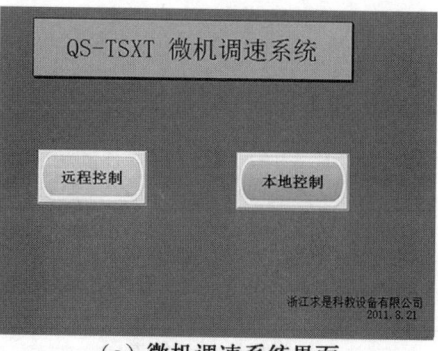

（a）微机调速系统界面

（b）原动机控制方式选择界面

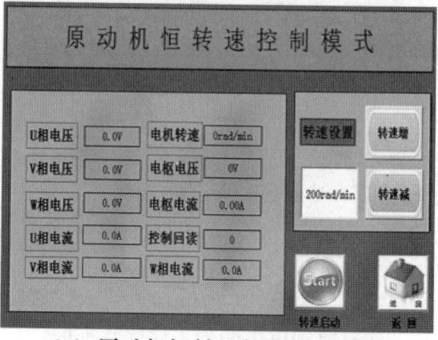

（c）原动机恒转速控制模式界面

图 2-2 微机调速系统操作图

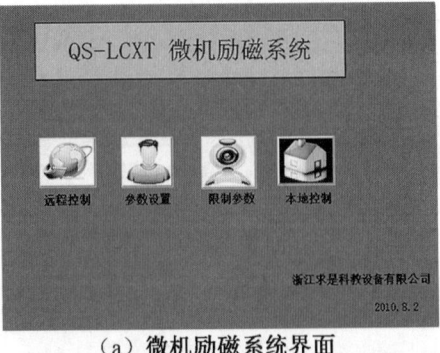

（a）微机励磁系统界面

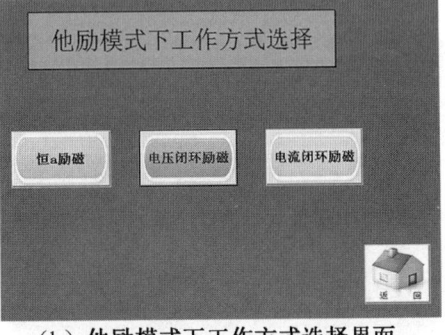

（b）他励模式下工作方式选择界面

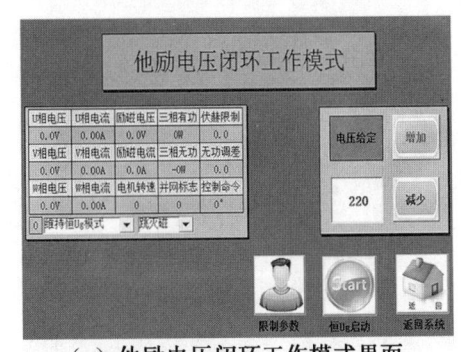

（c）他励电压闭环工作模式界面

图 2-3　微机励磁系统操作图

（6）进入 QSZTQ-Ⅱ（微机准同期系统）中选择"本地控制"，如图 2-4（a）所示；在并网控制方式选择界面选择"半自动并网"，如图 2-4（b）所示；观察电网电压、发电电压，以及频差和压差，如图 2-4（c）所示。

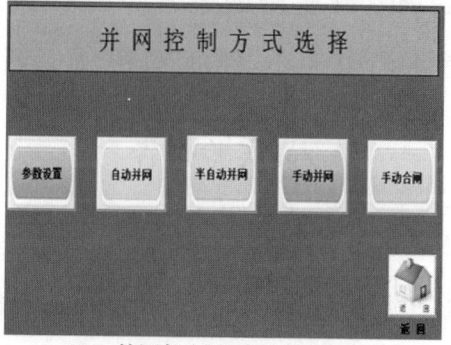

（a）微机准同期系统界面

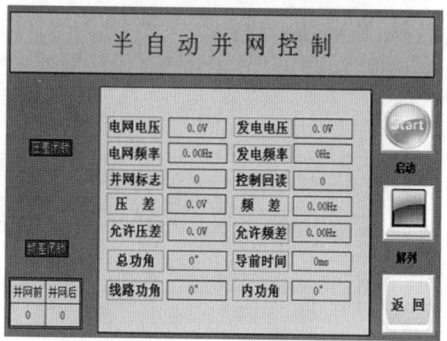

（b）并网控制方式选择界面

（c）半自动并网控制界面

图 2-4　微机准同期系统操作图

（7）进入 QSLCXT-Ⅱ（微机励磁系统），通过点击"增加"或"减少"按钮改变发电机的端电压，在表 2-2 内记录实验数据（其中发电机端电压取主控屏模拟表的发电机线电压值，励磁电流可从主控屏上的励磁电流表中获取）。

表 2-2　发电机组的起动与运转实验数据

变量	序号				
	1	2	3	4	5
给定的电压					
发电机电压 U_g(V)					
励磁电流 I_L(A)					

（8）进入 QSLCXT-Ⅱ（微机励磁系统）中点击"灭磁"按钮。然后在 QSTSXT-Ⅱ（微机调速系统）中点击"停机"按钮,最后断开所有的电源开关。

六、实验报告

（1）整理实验数据。

（2）简述发电机组起励建压、并网、解列和停机的操作步骤。

（3）为什么发电机组送出有功和无功时,先送无功?

（4）为什么要求发电机组输出的有功和无功为 0 时才能解列?

第二节　同步发电机空载实验

一、实验目的

(1)掌握直流励磁电流 I_L 和空载电动势 E_0 的关系。

(2)掌握三相同步发电机空载特性曲线测量方法。

二、原理说明

同步发电机的转子绕组上加直流励磁,电枢绕组开路,即同步发电机的空载运行。此时,空载运行中只有一个由转子励磁的机械旋转磁场,该磁场截切电枢绕组将感应三相对称的空载电动势 E_0,由于电枢绕组开路,同步发电机的端电压等于空载电动势 E_0。空载特性就是讨论直流励磁电流 I_L 和空载电动势 E_0 的关系。在实际运行时,发电机空载运行是很少遇到的,但空载运行特性却是同步发电机的一个重要特性,体现电机中磁与电的关系。

同步发电机的空载特性常用标幺值表示,取额定相电压 U_N 为基值,$E_0 = U_N$ 时的励磁电流 $I_L = I_N$ 为励磁电流的基值。用标幺值表示的发电机的空载特性见表 2-3 中的数据,利用这些数据可以得出一条典型的空载特性曲线。可用这条典型的空载特性曲线与设计好的同步发电机的空载特性相比较,用以判断电机的磁路饱和度。

表 2-3　典型的空载特性

I_L^*	0.5	1.0	1.5	2.0	2.5	3.0	3.5
E_0^*	0.58	1.0	1.21	1.33	1.40	1.46	1.51

三、实验设备

表 2-4　同步发电机空载实验设备表

序号	型号	使用仪器名称	数量	备注
1	EAL-01	电源输出	1	
2	EAL-02/03	双回路输出电路	1	
3	QSTSXT-Ⅱ	微机调速系统	1	
4	QSLCXT-Ⅱ	微机励磁系统	1	

四、注意事项

（1）实验开始前,需仔细阅读实验内容,严格按照实验步骤进行。

（2）操作规程:通电时,依次合上实验台上总电源开关、主电源源开关,空载合线路上的断路器;停电时,一定要先灭磁,再停机,最后断开所有电源开关。

（3）在调节原动机转速时,原动机的转速不要超过 2200 转,若超过 2200 转,则应立即关闭电源开关。

（4）在调节发电机励磁时,主控屏模拟表发动机的线电压不能超过 420 V,触摸屏相电压不能超过 240 V。

五、实验步骤

空载实验是在发电机的转速保持为同步转速（$n=n_1$）电枢电流（$I_g=0$）的情况下,空载电压（$U_0=E_0$）与励磁电流 I_L 的关系曲线 $U_0=f(I_L)$。空载特性曲线本质上就是电机的磁化曲线,用实验测定空载特性时,由于磁滞现象的影响,当励磁电流 I_L 从 0 改变到某一最大值,再由此值减小到 0 时,将得到上升和下降两条曲线,一般采用从 $U_0 \approx 1.3U_N$ 开始至 $I_L=0$ 的下降曲线。所以在实验过程中只能单方向调节励磁电流,中途不能来回调节励磁电流 I_L。

（1）检查实验台和控制柜的连接、电机和控制柜的连接等,确保连接正常。合上总电源开关,合上主电源源开关。

（2）打开 QSTSXT-Ⅱ（微机调速系统）、QSLCXT-Ⅱ（微机励磁系统）电源船型开关。

（3）进入 QSTSXT-Ⅱ（微机调速系统）中选择"本地控制"，如图 2-5（a）所示；在原动机控制方式选择界面选择"转速闭环"，如图 2-5（b）所示；在原动机恒转速控制模式界面中点击"转速设置"按钮，输入转速"1500"（1500 rad/min 为原动机的额定转速），点击"转速启动"按钮，等待原动机转速稳定，如图 2-5（c）所示。

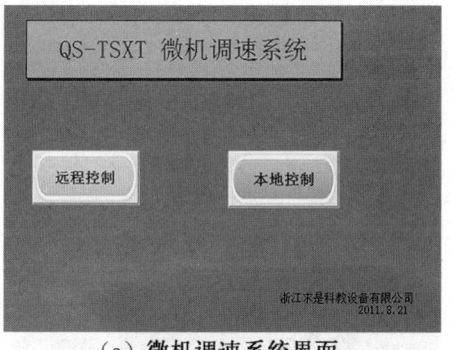

（a）微机调速系统界面

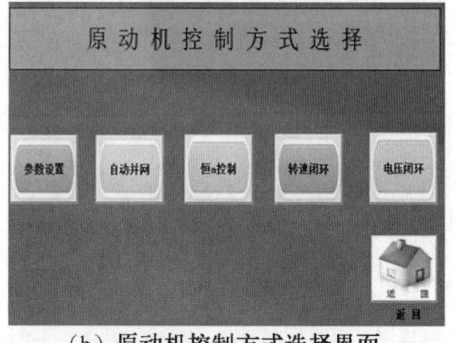

（b）原动机控制方式选择界面

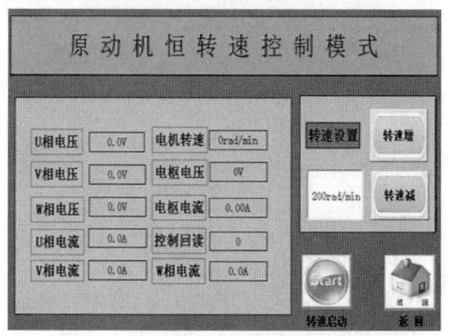

（c）原动机恒转速控制模式界面

图 2-5 微机调速系统操作图

（4）进入 QSLCXT-Ⅱ（微机励磁系统）中选择"本地控制"，如图 2-6（a）所示;在他励模式下工作方式选择界面选择"电流闭环励磁",如图 2-6(b)所示;点击"闭环启动"按钮,通过点击"增加"按钮,改变发电机的线电压至 1.3×380 V 左右(可以观察主控屏发电机电压表为 1.3×380 V 或在触摸屏内观察 U 相电压:1.3×220 V 左右,V 相电压:1.3×220 V 左右,C 相电压:1.3×220 V 左右,因为主控屏模拟表显示的为线电压,触摸屏屏内采集的为相电压,如图 2-6(c)所示)使发电机电压为 1.3×380 V 左右,在此过程中记下 10 组左右励磁电流对应的发电机端电压值,填入表 2-5 中;然后再单方向减小励磁电流,直至励磁电流为 0。在此过程中同样记录 10 组左右励磁电流对应的发电机端电压值,填入表 2-6 中,在线电压为 380 V 附近多测几组数据。

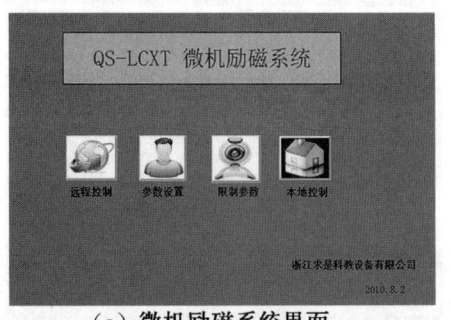

（a）微机励磁系统界面

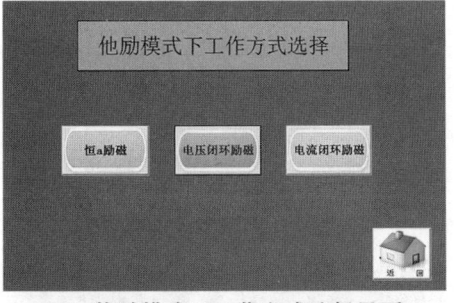

（b）他励模式下工作方式选择界面

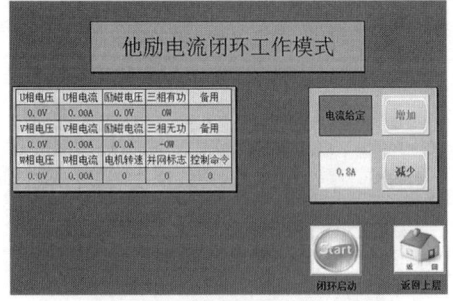

（c）他励电流闭环工作模式界面

图 2-6　微机励磁系统操作图

表 2-5　同步发电机空载实验数据记录表（励磁电流上升）

测量参数	1	2	3	4	5	6	7	8	9	10
$U_g(\text{V})$										
$I_L(\text{A})$										

表 2-6　同步发电机空载实验数据记录表（励磁电流下降）

测量参数	1	2	3	4	5	6	7	8	9	10
$U_g(\text{V})$										
$I_L(\text{A})$										

（5）进入 QSLCXT-Ⅱ（微机励磁系统）中点击"灭磁"按钮。然后在 QSTSXT-Ⅱ（微机调速系统）中点击"停机"按钮，最后断开所有的电源开关。

六、实验报告

（1）整理实验数据，在同一坐标系中描绘发电机空载特性实验曲线。

（2）通过实验曲线，分析上升曲线与下降曲线有什么异同，为什么？

第三节　同步发电机 V 形曲线测定实验

一、实验目的

(1)通过实验掌握 V 形曲线的测定方法。

(2)掌握同步发电机 V 形曲线的含义。

(3)了解发电机是向电网输出滞后无功功率,还是从电网吸收滞后无功功率。

二、实验原理

同步发电机的 V 形曲线是指在有功功率保持不变时,电枢电流 I_g 和励磁电流 I_L 的关系曲线 $I_g = f(I_L)$。由于其形状是 V 形的,故称为 V 形曲线。在不同的有功功率情况下对应不同的 V 形曲线,功率越大,曲线越上移。

同步发电机 V 形曲线明确地划分发电机励磁状态为正常、过励和欠励三种,通过实验可证实,在原动机功率不变时,改变励磁电流将引起发电机无功电流的改变,随之定子总电流也发生变化。通过 V 形曲线,不仅可知发电机是处于过励磁状态、正常励磁状态,还是欠励磁状态;同时也可知发电机是向电网输出滞后无功功率,还是从电网吸收滞后无功功率。

发电机与无穷大电网并联时,调节励磁电流的大小,就可以改变发电机输出的无功功率。另外,调节励磁电流不仅能改变无功功率的大小,而且能改变无功功率的性质。当过励磁时,电枢电流是滞后电流,发电机输出感性无功功率;反之,当欠励磁时,电枢电流是超前电流,发电机输出容性无功功率,即吸收感性无功功率。

三、实验设备

表 2-7　同步发电机 V 形曲线及零功率因数实验设备表

序号	型号	使用仪器名称	数量	备注
1	EAL-01	电源输出	1	
2	EAL-02/03	双回路输出电路	1	
3	QSTSXT-Ⅱ	微机调速系统	1	
4	QSLCXT-Ⅱ	微机励磁系统	1	
5	QSZTQ-Ⅱ	微机准同期系统	1	

四、注意事项

（1）实验开始前，需仔细阅读实验内容，严格按照实验步骤进行。

（2）操作规程：通电时，依次合上实验台上总电源开关、主电源源开关，空载合线路上的断路器；停电时，一定要先灭磁，再停机，最后断开所有电源开关。

（3）在调节原动机转速时，原动机的转速不要超过 2200 转，若超过 2200 转，则应立即关闭电源开关。

（4）在调节发电机励磁时，主控屏模拟表发动机的线电压不能超过 420 V，触摸屏相电压不能超过 240 V。

五、实验步骤

（1）检查实验台和控制柜的连接、电机和控制柜的连接等，确保连接正常。

（2）合上总电源开关，合上主电源源开关，输电线路选择 XL_1 和 XL_3（即闭合 QFS、QF_1、QF_3 和 QF_5，红灯亮。[①]）。调节三相调压器，主控屏系统电压表显示 380 V（即通过调节三相调压器，使得无穷大电源的电压为 380 V）。

（3）打开 QSTSXT-Ⅱ（微机调速系统）、QSLCXT-Ⅱ（微机励磁系统）和QSZTQ-Ⅱ（微机准同期系统）电源船型开关。

---

① 绿灯亮表示断路器为断开状态，红灯亮表示断路器为闭合状态。

(4)进入 QSTSXT-Ⅱ(微机调速系统)中选择"本地控制",如图 2-7(a)所示;在原动机控制方式选择界面选择"转速闭环",如图 2-7(b)所示;在原动机恒转速控制模式界面中点击"转速设置"按钮,输入转速"1500"(1500 rad/min 为原动机的额定转速),点击"转速启动"按钮,等待原动机转速稳定,如图 2-7(c)所示。

(a)微机调速系统界面

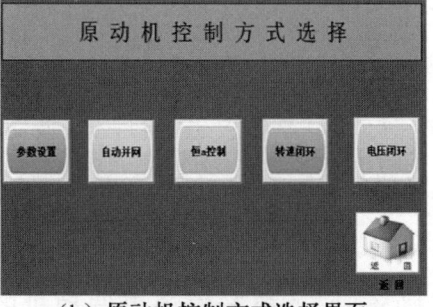

(b)原动机控制方式选择界面

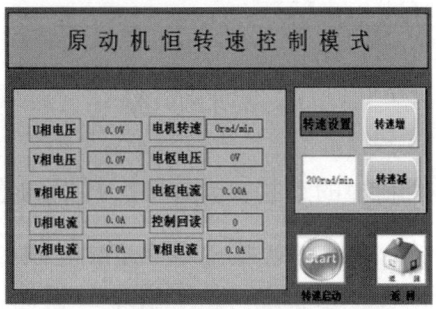

(c)原动机恒转速控制模式界面

图 2-7 微机调速系统操作图

(5)进入 QSLCXT-Ⅱ(微机励磁系统)中选择"本地控制",如图 2-8(a)所示;在他励模式下工作方式选择界面选择"电流闭环励磁",如图 2-8(b)所示;点击"闭环启动"按钮,通过点击"增加"或"减少"按钮,改变发电机的线电压为

380 V 左右(可以观察主控屏发电机电压表为 380 V 或在触摸屏内观察 U 相电压:220 V 左右,V 相电压:220 V 左右,C 相电压:220 V 左右,因为主控屏模拟表显示的为线电压,触摸屏屏内采集的为相电压),使发电机电压为 380 V 左右,如果电压达不到 380 V,可以点击"增加"或"减少"按钮,如图 2-8(c)所示。

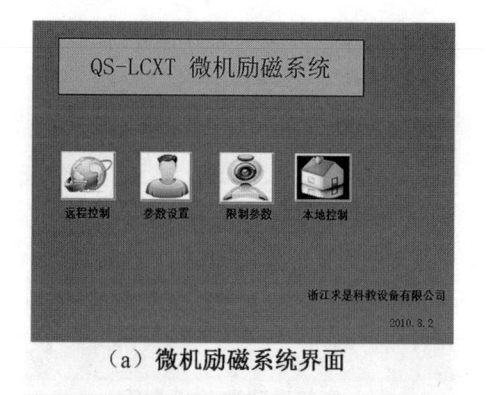
（a）微机励磁系统界面

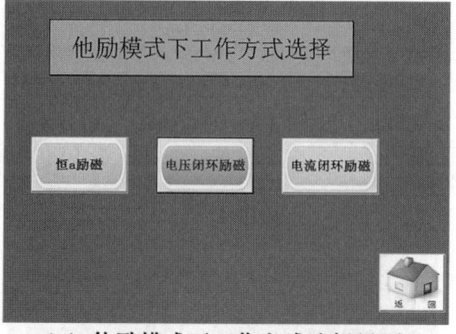
（b）他励模式下工作方式选择界面

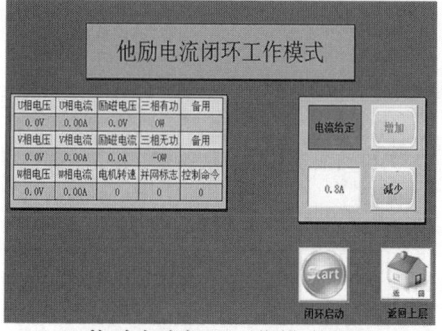
（c）他励电流闭环工作模式界面

图 2-8　微机励磁系统操作图

　　(6)进入 QSZTQ-Ⅱ(微机准同期系统)中选择"本地控制",如图 2-9(a)所示;在并网控制方式选择界面选择"半自动并网",如图 2-9(b)所示;在半自动并网控制界面中点击"启动"按钮,在这种情况下,要满足并列条件,需要手动调节发电机电压、频率,直至压差、频差在允许范围内,相角差在0°前某一合适位置时,微机准同期装置控制合闸按钮进行合闸,"压差闭锁"和"频差闭锁"灯亮,表示压差、频差均满足条件,微机装置自动判断相差也满足条件时,发出合闸命令,合闸成功后,QFG绿灯亮,如图2-9(c)所示。

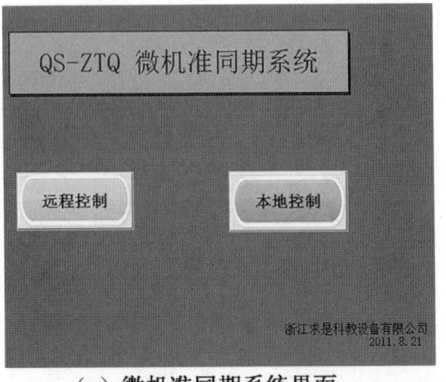

（a）微机准同期系统界面

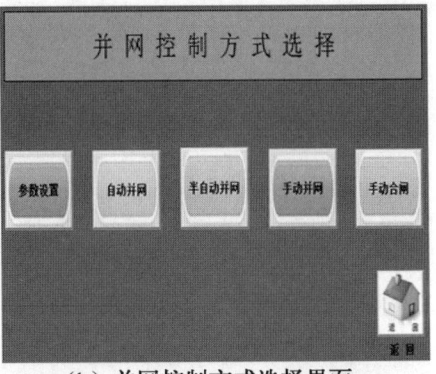

（b）并网控制方式选择界面

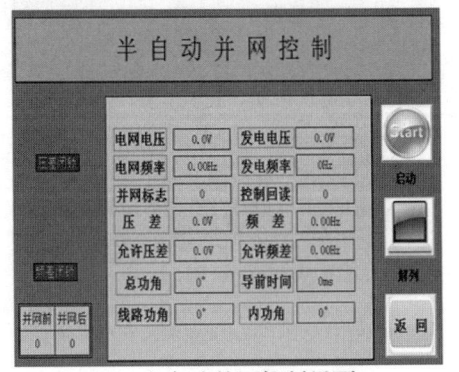

（c）半自动并网控制界面

图2-9 微机准同期系统操作图

（7）调节微机调速的增减按钮，使输出有功功率 $P=0$，并在实验调节过程中，保持 $P=0$ 不变。

（8）过励状态→正常状态→欠励状态的 V 形曲线调节过程：进入 QSLCXT-Ⅱ（微机励磁系统），通过点击"增加"按钮增大励磁电流（过励状态开始），观察励磁电流表的显示，I_L 不同时，记录下对应的发电机电枢电流数据，然后逐步减小励磁电流直到电枢电流减小到最小值 $I_g=0$（此时无功功率表读数应为 0），记录此时对应的励磁电流 I_L 和电枢电流 I_g。然后继续减小励磁电流，从欠励状态开始，直到 $I_L=0$，记录此时对应的励磁电流和电枢电流 I_g。注意在调节过程中，始终保持 $P=0$ 不变。（励磁电流改变时，有功功率和无功功率都会发生变化，调节调速器使 P 不变，记录励磁电流和电枢电流变化，其中电枢电流可以观察实验台上的电流表，任选一相电流，如 A 相）。实验数据记录在表 2-8 中。

（9）将有功功率增加到 $P=300$ W，调节 QSLCXT-Ⅱ（微机励磁系统）增大励磁电流，观测励磁电流表的显示，记录下对应的电枢电流的数据，然后逐步减小励磁电流直到电枢电流减小到最小值（此时无功功率表读数应该为 0），记录此时对应的励磁电流 I_L 和电枢电流 I_g。然后继续减小励磁电流，直到电机临界失步。记录临界状态的励磁电流 I_L 和电枢电流 I_g。实验数据记录在表 2-8 中。

（10）将有功功率增加到 $P=600$ W，重复实验步骤（9）。实验数据记录在表 2-8 中。

表 2-8　V 形曲线测量实验数据表　（$U_s=380$ V）

发电机输出功率	测量参数	1	2	3	4	5	6
$P=0$	I_g				0		
	I_L						0
$P_1=300$ W	I_g						
	I_L						
$P_2=600$ W	I_g						
	I_L						

（11）实验完毕，进入 QSTSXT-Ⅱ（微机调速系统）点击"有功加"或"有功减"按钮把有功调整至"0"左右，进入 QSLCXT-Ⅱ（微机励磁系统）点击"增加"或者"减少"按钮把无功调整至"0"左右时，点击 QSZTQ-Ⅱ（微机准同期系统）的"解列"按钮，在 QSLCXT-Ⅱ（微机励磁系统）中点击"灭磁"按钮。然后在 QSTSXT-Ⅱ（微机调速系统）中点击"停机"按钮，最后断开所有的电源开关。

六、实验报告

（1）整理实验数据，在同一坐标系中，绘制不同有功功率时的 V 形曲线图，分析 V 形曲线图的特点和意义。

（2）分析比较实验结果是否与理论相符，如不符合请分析原因。

（3）通过实验，分析 V 形曲线，总结在不同的有功功率运行状态下，如何避免发电机组进入不稳定区。

第四节　发电机外特性实验

一、实验目的

(1)通过实验掌握发电机外特性的含义及测试方法。

(2)掌握同步发电机电压调整率的定义及应用。

(3)熟悉发电机励磁控制系统的功能。

二、实验原理

外特性是指发电机转速保持同步转速,励磁电流和负载功率因数保持不变时,端电压与负载电流的关系曲线 $U = f(I_L)$。图 2-10 表示的是带有不同功率因数负载时同步发电机的外特性。由图可见,在感性负载和纯电阻负载时,外特性是下降的,这是由于电枢反应的去磁作用和漏阻抗压降所引起的。在容性负载且内功率因数超前时,由于电枢反应的增磁作用和容性电流的漏抗电压上升,外特性亦可能是上升的。

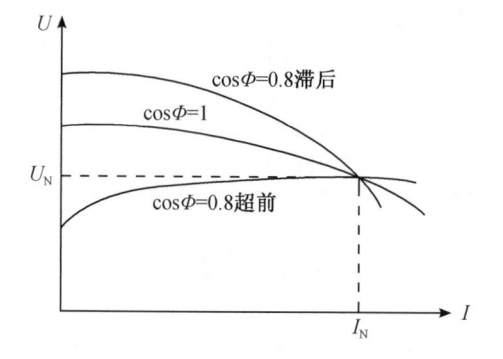

图 2-10　带有不同功率因素负载时同步发电机的外特性

从外特性可以求出发电机的电压调整率。调节励磁电流,使额定负载时,发电机端电压为额定电压 U_{gN},此时的励磁电流为额定励磁电流 I_{LN}。然后保持励磁和转速不变,卸去负载,此时端压将上升到空载电动势 E_0,同步发电机的电压调整率定义为:

$$\Delta U\% = \frac{E_0 - U_{gN}}{U_{gN}} \times 100\%$$

显然,为了使同步发电机的端电压不随负载电流的变化而剧烈波动,它的电压变化率应尽量的小。实际上,由于同步电抗的数值相对较大,负载电流变化产生的同步电抗电压下降必然引起端电压明显的变化。为了保证电网电压的质量,现代同步发电机都装备有快速自动电压调节器,它能根据端电压的变化自动改变励磁电流,使发电机端电压基本保持不变,但这不等于电压变化率可以不加限制了。为了防止同步发电机突然卸去负载,特别是短路故障同步发电机电枢出线端的开关被断开时,端电压急剧上升以致击穿绝缘,$\Delta U\%$ 最好限制在 50% 以内。近代凸极发电机的 $\Delta U\%$ 为 18%～30%,汽轮发电机由于同步电抗较大,故 $\Delta U\%$ 较大,在 30%～48%。

三、实验设备

表 2-9　发电机外特性实验设备表

序号	型号	使用仪器名称	数量	备注
1	EAL-01	电源输出	1	
2	EAL-02/03	双回路输出电路	1	
3	QSTSXT-Ⅱ	微机调速系统	1	
4	QSLCXT-Ⅱ	微机励磁系统	1	
5	QSZTQ-Ⅱ	微机准同期系统	1	

四、注意事项

(1)实验开始前,需仔细阅读实验内容,严格按照实验步骤进行。

(2)操作规程:通电时,依次合上实验台上总电源开关、主电源源开关,空载合线路上的断路器；停电时，一定要先灭磁，再停机，最后断开所有电源开关。

（3）在调节原动机转速时，原动机的转速不要超过 2200 转，若超过 2200 转，则应立即关闭电源开关。

（4）在调节发电机励磁时，主控屏模拟表发动机的线电压不能超过 420 V，触摸屏相电压不能超过 240 V。

五、实验步骤

（1）检查实验台和控制柜的连接、电机和控制柜的连接等，确保连接正常。合上总电源开关，合上主电源源开关。

（2）打开 QSTSXT-Ⅱ（微机调速系统）、QSLCXT-Ⅱ（微机励磁系统）电源船型开关。

（3）进入 QSTSXT-Ⅱ（微机调速系统），参考本章第一节实验，将原动机通过自动调速系统调速至额定转速 1500 rad/min。

（4）进入 QSLCXT-Ⅱ（微机励磁系统），参考本章第一节实验，建压使发电机端电压为 380 V。

（5）输电线路选择 XL_1 和 XL_3（即闭合 QF_1、QF_3 和 QF_5），闭合 QFR，投入不同的负载。

（6）通过调节发电机负载和发电机励磁电流，记录此时的励磁电流 I_L 作为额定励磁电流，逐步减小负载，使电枢电流逐渐减小，最后解列断开负载，记录发电机端电压与电枢电流。在调节过程中，记录 3 组数据填入表 2-10 内。

（7）进入 QSTSXT-Ⅱ（微机调速系统）点击"有功加"或"有功减"按钮把有功调整至"0"左右，进入 QSLCXT-Ⅱ（微机励磁系统）点击"增加"或者"减少"按钮把无功调整至"0"左右时，点击 QSZTQ-Ⅱ（微机准同期系统）的"解列"按钮，在 QSLCXT-Ⅱ（微机励磁系统）点击"灭磁"按钮。然后在 QSTSXT-Ⅱ（微机调速系统）点击"停机"按钮，最后断开所有的电源开关。

表 2-10　负载特性表

负载选择	LD_1	LD_2	LD_3
U_g (V)			
I_g (A)			

六、实验报告

(1)根据实验数据,绘制实验发电机外特性曲线,并分析不同负载对发电机外特性的影响。

(2)根据实验数据求电压调整率。

第三章　同步发电机准同期并列运行

现代电力系统中,提高和维持同步发电机运行的稳定性,是保证电力系统安全经济运行的基本条件之一。同期并列操作是电力系统运行中的一项繁杂而又重要的操作,在发电机与电网并列瞬间,常常不可避免地伴随有冲击功率和冲击电流,这些冲击会引起系统电压瞬间下降。如果操作不当,冲击电流过大,可能引起发电机组大轴发生机械损伤,引起机组绕组电气损伤。在发电厂中,发电机组的同期并列操作是经常进行的。在系统正常运行时,随着负荷的增长,要求备用机组迅速投入系统,以满足用户用电量增长的需求;当系统发生事故时,会因失去部分电源而要求将备用机组快速投入电力系统以防止系统崩溃;在某些情况下,甚至需要将已解列为两部分的电力系统恢复并列运行。这些情况均需要进行同期并列操作,将发电机组安全可靠、准确快速地投入系统,确保系统的可靠、经济运行和发电机组的安全。

本章主要介绍同步发电机准同期并列运行的条件测定及其原理和三种不同方式的准同期并网操作步骤。

第一节　自动准同期条件测试实验

一、实验目的

(1)掌握实验设备和仪器的使用方法,深入理解准同期条件。

(2)掌握准同期条件的测试方法。

(3)熟悉脉动电压的特点。

二、实验原理

早期的准同期装置是利用脉动电压这一特性进行工作的。所谓脉动电压是指待并网发电机的电压 U_g 和系统电压 U_s 之间的电压差,通常用 U_d 来表示。

发电机电压和系统电压的瞬时值,可用下式表示:

$$u_g = U_{g.m}\sin(\omega_g t + \delta_{(1)}) \tag{3-1}$$

$$u_s = U_{s.m}\sin(\omega_s t + \delta_{(2)}) \tag{3-2}$$

式中,$U_{g.m}$、$U_{s.m}$ 分别为发电机和系统电压的幅值;δ_1、δ_2 为发电机电压和系统电压的初相。假设 $U_{g.m} = U_{s.m} = U_m$,从式(3-1)和式(3-2)可得脉动电压:

$$
\begin{aligned}
u_d &= u_g - u_s \\
&= U_m[\sin(\omega_g t + \delta_1) - \sin(\omega_s t + \delta_2)] \\
&= 2U_m\sin\left[\frac{(\omega_g t + \delta_1)}{2} - \frac{(\omega_s t + \delta_2)}{2}\right]\cos\left[\frac{(\omega_g t + \delta_1)}{2} + \frac{(\omega_s t + \delta_2)}{2}\right]
\end{aligned}
\tag{3-3}
$$

若初始相角 $\delta_1 = \delta_2 = 0$,则式(3-3)可化简为:

$$u_d = 2U_m\sin[(\omega_g - \omega_s)t/2]\cos[(\omega_g + \omega_s)t/2] \tag{3-4}$$

令 $U_{d.m} = 2U_m\sin[(\omega_g - \omega_s)t/2]$ 为脉动电压 u_d 的幅值,则

$$u_d = U_{d.m}\cos[(\omega_g + \omega_s)t/2] \tag{3-5}$$

令 $\omega_d = \omega_g - \omega_s$，式中 ω_d 为滑差速度，则

$$U_{d.m} = 2U_m \sin(\omega_d t / 2) \tag{3-6}$$

脉动电压 u_d 随时间变化的轨迹如图 3-1 所示。

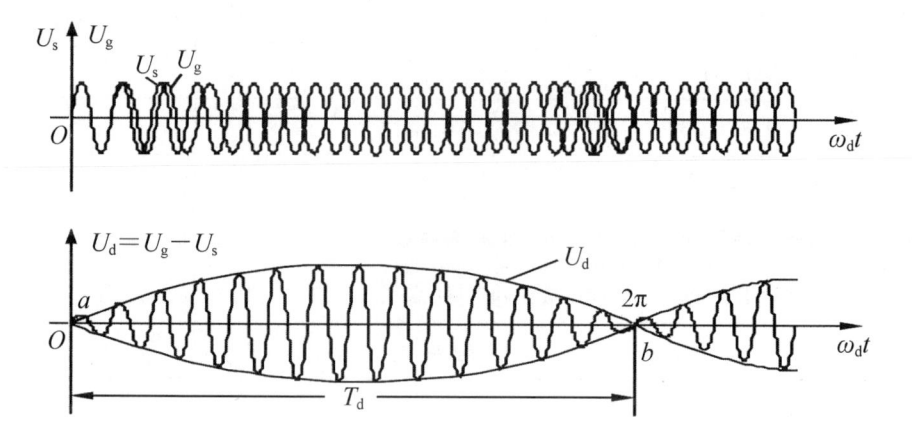

图 3-1　脉动电压变化轨迹

关于脉动电压的概念还可以用相量来描述。图 3-2 所示为滑差电压相量图。图中用 $\dot{U}_g$ 和 $\dot{U}_s$ 分别表示发电机电压和系统电压的相量，当 ω_d 不等于 0 时，$\dot{U}_g$ 和 $\dot{U}_s$ 之间的相角差（滑差）$\delta = \omega_d t$ 将随时间 t 不断改变。假定以 $\dot{U}_s$ 为参考相量保持不动，则 $\dot{U}_g$ 将以角速度 ω_d 作逆时针旋转。因而脉动电压 $\dot{U}_d$ 的瞬时值也在不断变化。

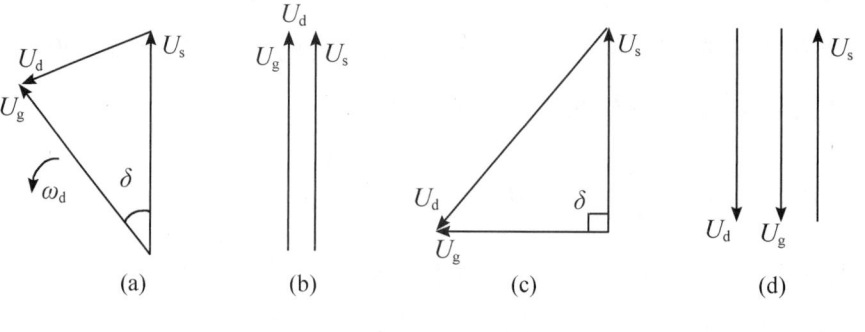

图 3-2　滑差电压相量图

脉动电压不仅反映 U_g 和 U_s 的相角差特性，而且与它们的幅值有关，所以可以利用自动装置检测脉动电压，判断准同期并网条件，完成发电机组的准同期并网操作。因此研究脉动电压的特性是非常必要的。

三、实验设备

表 3-1　自动准同期条件测试实验设备表

序号	型号	使用仪器名称	数量	备注
1	EAL-01	电源输出	1	
2	EAL-02/03	双回路输出电路	1	
3	QSTSXT-Ⅱ	微机调速系统	1	
4	QSLCXT-Ⅱ	微机励磁系统	1	
5	QSZTQ-Ⅱ	微机准同期系统	1	
6		示波器	1	

四、注意事项

（1）实验开始前，需仔细阅读实验内容，严格按照实验步骤进行。

（2）操作规程：通电时，依次合上实验台上总电源开关、主电源源开关，空载合线路上的断路器；停电时，一定要先灭磁，再停机，最后断开所有电源开关。

（3）在调节原动机转速时，原动机的转速不要超过 2200 转，若超过 2200 转时，则应立即关闭电源开关。

（4）在调节发电机励磁时，主控屏模拟表发动机的线电压不能超过 420 V，触摸屏相电压不能超过 240 V。

（5）微机准同期装置测量的系统电压和发电机电压均为经过电压互感器的电压，当采用示波器进行测量时为安全电压。

五、实验步骤

根据发电机电压信号和系统电压信号测试准同期条件，当电压幅值和频率有变化时，观测脉动电压 U_d 波形的变化。实验步骤如下：

（1）检查实验台和控制柜的连接、电机和控制柜的连接等，确保连接正常。

（2）合上总电源开关，合上主电源源开关，输电线路选择 XL_1 和 XL_3（即闭合 QFS、QF_1、QF_3 和 QF_5）。调节三相调压器，主控屏系统电压表显示 380 V（即通过调节三相调压器，使得无穷大电源的电压为 380 V）。

(3)打开 QSTSXT-Ⅱ(微机调速系统)、QSLCXT-Ⅱ(微机励磁系统)和 QSZTQ-Ⅱ(微机准同期系统)电源船型开关。

(4)进入 QSTSXT-Ⅱ(微机调速系统)中选择"本地控制",如图 3-3(a)所示;在原动机控制方式界面选择"转速闭环",如图 3-3(b)所示;在原动机恒转速控制模式界面中点击"转速设置"按钮,输入转速"1500"(1500 rad/min 为原动机的额定转速),点击"转速启动"按钮,等待原动机转速稳定,如图 3-3(c)所示。

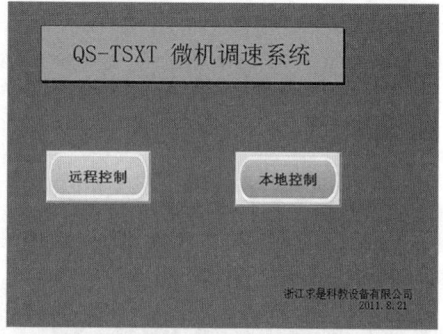

（a）微机调速系统界面

（b）原动机控制方式选择界面

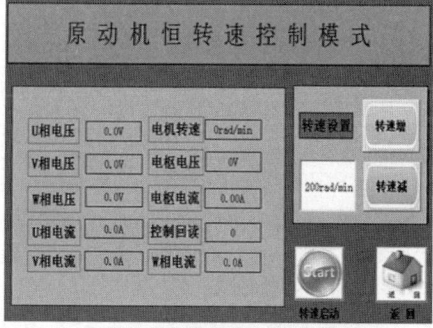

（c）原动机恒转速控制模式界面

图 3-3 微机调速系统操作图

(5)进入 QSLCXT-Ⅱ(微机励磁系统)中选择"本地控制",如图 3-4(a)所示;在他励模式下工作方式界面选择"电压闭环励磁",如图 3-4(b)所示;点击"恒 Ug 启动"按钮,通过点击"增加"或"减少"按钮,改变发电机的线电压为380 V 左右(可以观察主控屏发电机电压表为 380 V 或在触摸屏内观察 U 相电压:220 V 左右、V 相电压:220 V 左右、C 相电压:220 V 左右,因为主控屏模拟表显示的为线电压,触摸屏屏内采集的为相电压),使发电机电压为 380 V左右,如果电压达不到 380 V,可以点击"增加"或"减少"按钮,如图 3-4(c)所示。

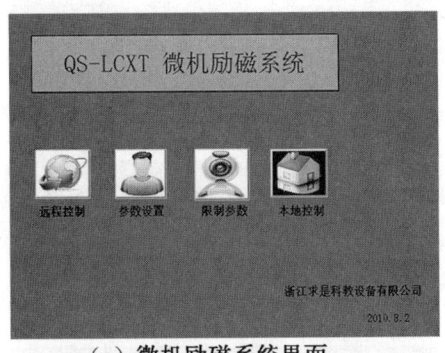

(a)微机励磁系统界面

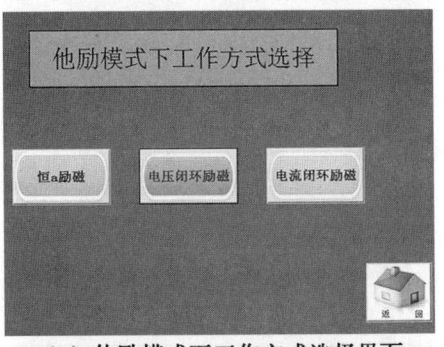

(b)他励模式下工作方式选择界面

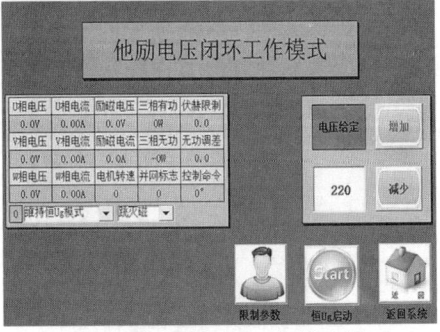

(c)他励电压闭环工作模式界面

图 3-4　微机励磁系统操作图

(6)进入 QSZTQ-Ⅱ(微机准同期系统)中选择"本地控制",如图 3-5(a)所示;在并网控制方式界面选择"半自动并网",如图 3-5(b)所示;在半自动并网控制界面中暂不点击"启动"按钮,如图 3-5(c)所示。

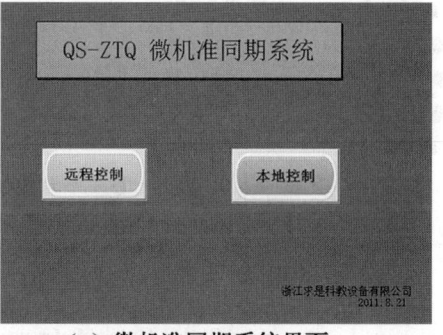

（a）微机准同期系统界面

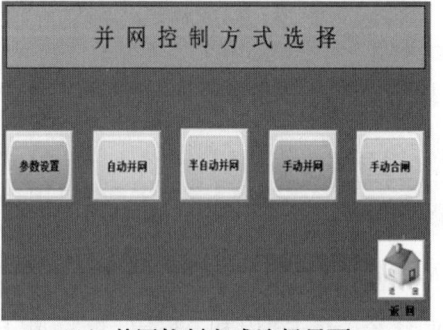

（b）并网控制方式选择界面

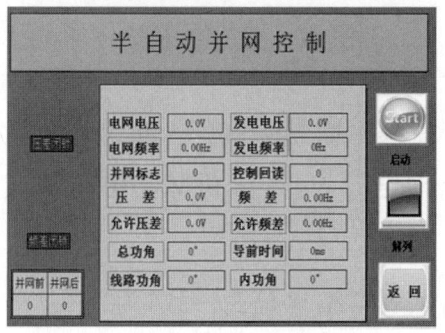

（c）半自动并网控制界面

图 3-5　微机准同期系统操作图

(7)波形测试:首先在控制柜上放置示波器,电源接在实验台右侧的单相电源插座上,将一个探头的正极接入"发电机电压"测试孔,负极接入"系统电压"测试孔,观测系统和发电机电压波形,记录实验波形,如图 3-6 所示。

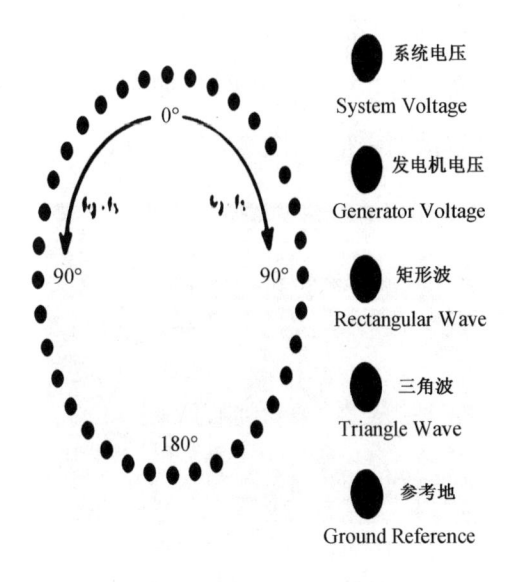

系统电压
System Voltage

发电机电压
Generator Voltage

矩形波
Rectangular Wave

三角波
Triangle Wave

参考地
Ground Reference

图 3-6　示波器接入孔

（8）改变转速：点击 QSTSXT-Ⅱ（微机调速系统）上的"增加"和"减少"按钮，调节转速，使 $n = 1470$ rpm；调节 QSLCXT-Ⅱ（微机励磁系统），通过示波器可观测到脉动电压波形。待波形稳定后，画出电压波形。

（9）进入 QSLCXT-Ⅱ（微机励磁系统）点击"灭磁"按钮。然后在 QSTSXT-Ⅱ（微机调速系统）点击"停机"按钮，最后断开所有的电源开关。

六、实验报告

（1）准同期并列的理想条件有哪些？实际中利用脉动电压如何体现？

（2）根据绘制的脉动电压波形，分析脉动电压的变化规律受哪些因素的影响。

（3）理论分析与测试观察结果是否一致，为什么？

（4）在合闸时相角误差产生的主要原因有哪些？

第二节　压差、频差和相差闭锁与整定实验

一、实验目的

(1)认识自动准同期装置三个控制单元的作用及其工作原理。

(2)熟悉压差、频差和相差闭锁与整定的控制方法。

二、实验原理

为了使待并发电机组满足并列条件,QSZTQ-Ⅱ自动准同期装置设置了三个控制单元:

(一)频差控制单元

它的任务是检测发电机电压U_g与系统电压U_s间的滑差角频率ω_d,控制调速器,调节发电机转速,使发电机的频率接近于系统频率,满足允许频差。

(二)压差控制单元

它的功能是检测发电机电压U_g与系统电压U_s间的电压幅值差,控制励磁调节器,调节发电机电压U_g,使之与系统电压U_s的压差小于规定允许值,促使并列条件的形成。

(三)合闸信号控制单元

检查并列条件,当待并发电机组的频率和电压都满足并列条件,在相角差δ接近于0或控制在允许范围以内时,合闸控制单元就选择合适的时间(导前时间)发出合闸信号,使并列断路器的主触头接通,完成发电机组与电网的并

列运行。

三者之间的逻辑框图如图 3-7 所示。

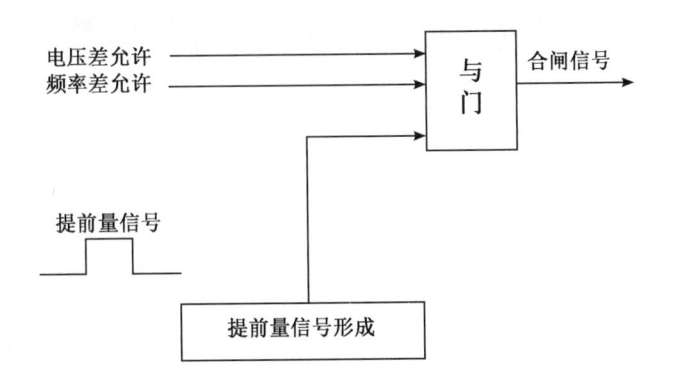

图 3-7　准同期装置的合闸信号控制逻辑框图

下面介绍以上三个单元的控制原理:

(1)频差控制单元:微机准同期装置对微机调速装置。当准同期装置的"自动并网"启动后,且发电机电压与系统电压的频差大于准同期装置的频差整定值时,其频差控制单元发出频差闭锁合闸信号,同时向微机调速装置发出加速/减速脉冲信号(准同期面板有相应信号灯指示),直至频差不大于频差整定值,频差闭锁合闸信号解除。

(2)压差控制单元:微机准同期装置对微机励磁装置。当准同期装置的"自动并网"启动后,发电机电压与系统电压的压差大于准同期装置整定的压差允许值,它的压差控制单元发出压差闭锁合闸信号,给微机励磁装置发出升压或降压脉冲信号,直至压差不大于压差允许值,压差闭锁合闸信号解除。

(3)合闸信号控制单元:微机准同期装置相差闭锁功能,使合闸继电器动作的导前相角限定在($+\delta \sim -\delta$)区间内,导前时间合闸脉冲必定在此范围内发出,即使频差周期出现反向加速度,引起误发脉冲,产生的冲击也不致使发电机损坏。

三、实验设备

表 3-2　压差、频差和相差闭锁与整定实验设备表

序号	型号	使用仪器名称	数量	备注
1	EAL-01	电源输出	1	
2	EAL-02/03	双回路输出电路	1	
3	QSTSXT-Ⅱ	微机调速系统	1	
4	QSLCXT-Ⅱ	微机励磁系统	1	
5	QSZTQ-Ⅱ	微机准同期系统	1	

四、注意事项

(1)实验开始前,需仔细阅读实验内容,严格按照实验步骤进行。

(2)操作规程:通电时,依次合上实验台上总电源开关、主电源源开关,空载合线路上的断路器;停电时,一定要先灭磁,再停机,最后断开所有电源开关。

(3)在调节原动机转速时,原动机的转速不要超过 2200 转,若超过 2200 转,则应立即关闭电源开关。

(4)在调节发电机励磁时,主控屏模拟表发动机的线电压不能超过 420 V,触摸屏相电压不能超过 240 V。

五、实验步骤

(1)检查实验台和控制柜的连接、电机和控制柜的连接等,确保连接正常。

(2)合上总电源开关,合上主电源源开关,输电线路选择 XL_1 和 XL_3(即闭合 QFS、QF_1、QF_3 和 QF_5)。调节三相调压器,主控屏系统电压表显示 380 V(即通过调节三相调压器,使得无穷大电源的电压为 380 V)。

(3)打开 QSTSXT-Ⅱ(微机调速系统)、QSLCXT-Ⅱ(微机励磁系统)和 QSZTQ-Ⅱ(微机准同期系统)电源船型开关。

(4)进入 QSTSXT-Ⅱ(微机调速系统)中选择"本地控制",如图 3-8(a)所示;在原动机控制方式界面选择"转速闭环",如图 3-8(b)所示;在原动机恒转速控制模式界面中点击"转速设置"按钮,输入转速"1500"(1500 rad/min 为原动机的额定转速),点击"转速启动"按钮,等待原动机转速稳定,如图 3-8(c)所示。

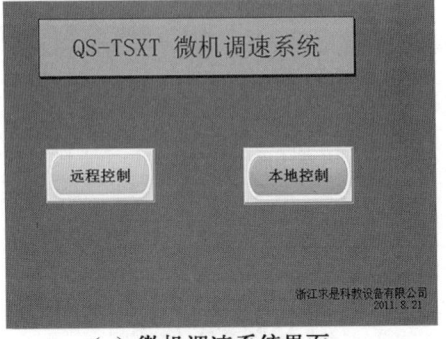

（a）微机调速系统界面

（b）原动机控制方式选择界面

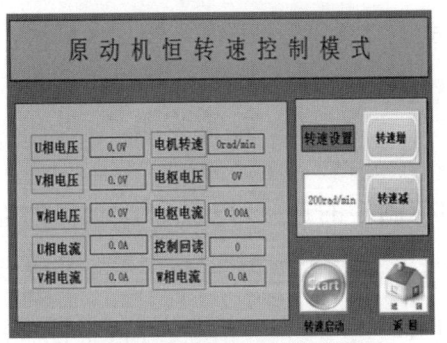

（c）原动机恒转速控制模式界面

图 3-8　微机调速系统操作图

（5）进入 QSLCXT-Ⅱ（微机励磁系统）中选择"本地控制",如图 3-9(a)所示;在他励模式下工作方式界面选择"电压闭环励磁",如图 3-9(b)所示;点击

"恒 Ug 启动"按钮,通过点击"增加"或"减少"按钮,改变发电机的线电压为
380 V 左右(可以观察主控屏发电机电压表为 380 V 或在触摸屏内观察 U 相
电压:220 V 左右,V 相电压:220 V 左右,C 相电压:220 V 左右,因为主控屏
模拟表显示的为线电压,触摸屏屏内采集的为相电压),使发电机电压为 380 V
左右,如果电压达不到 380 V,可以点击"增加"或"减少"按钮,如图 3-9(c)
所示。

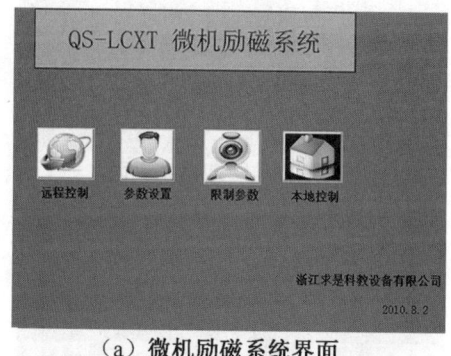

(a)微机励磁系统界面

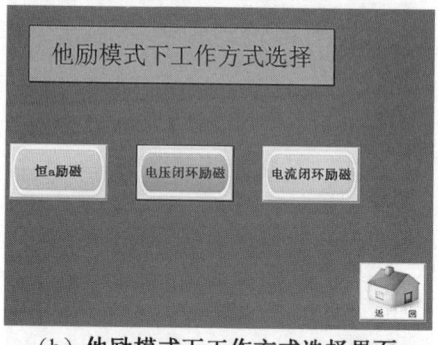

(b)他励模式下工作方式选择界面

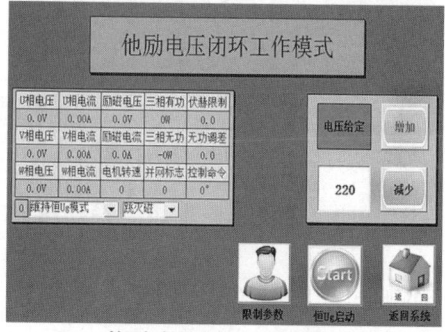

(c)他励电压闭环工作模式界面

图 3-9　微机励磁系统操作图

（6）进入 QSZTQ-Ⅱ（微机准同期系统）中选择"本地控制"，如图 3-10（a）所示；在并网控制方式界面选择"半自动并网"，如图 3-10（b）所示；在半自动并网控制界面中暂不点击"启动"按钮，如图 3-10（c）所示。

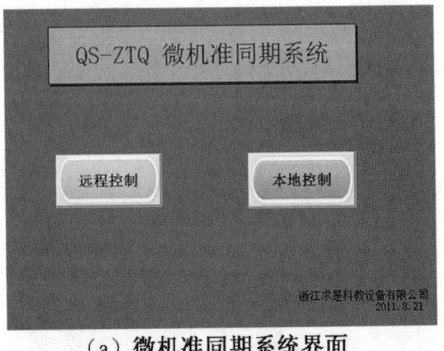

（a）微机准同期系统界面

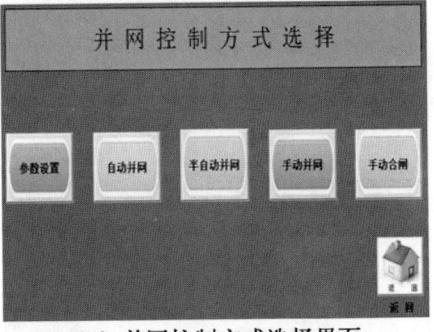

（b）并网控制方式选择界面

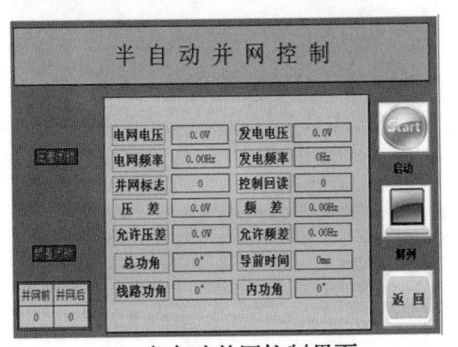

（c）半自动并网控制界面

图 3-10　微机准同期系统操作图

（7）频差整定与闭锁测试：QSZTQ-Ⅱ（微机准同期系统）上电后，查看系统参数是否为出厂设置（"导前时间"设置为 100 ms；"允许频差"设置为 0.3 Hz；"允许压差"设置为 5 V），若不符则进行相关修改，密码：12345。然后点击 QSTSXT-Ⅱ（微机调速系统）上的"增加"和"减少"按钮，使 $n=1470$ rpm；

点击调节 QSLCXT-Ⅱ(微机励磁系统)上的"＋"和"－"按钮,调节励磁,使 $U_g =$ 220 V。最后点击 QSZTQ-Ⅱ"半自动并网"下的"启动"按钮,调节 QSTSXT-Ⅱ (微机调速系统),直到频差闭锁指示灯长期点亮,在此过程中,观察准同期装置频差闭琐、加速/减速指示灯、其他指示灯以及发电机组转速的变化。

(8)压差整定与闭锁测试:首先进入 QSZTQ-Ⅱ(微机准同期系统),将"允许压差"设置为 5 V。然后点击 QSTSXT-Ⅱ(微机调速系统)上的"增加"和"减少"按钮,同时调节微机励磁系统,观察微机调速装置的显示以及微机准同期装置上的显示,使 $n = 1500$ rpm,$U_g = 220$ V。最后点击 QSZYQ-Ⅱ"半自动并网"下的"启动"按钮,调节 QSLCXT-Ⅱ(微机励磁系统),直到压差闭锁指示灯长期点亮,在此过程中,观察准同期装置压差闭琐、升压/降压指示灯以及其他指示灯变化。

(9)相差整定:相差整定值在出厂时,已结合本微机准同期装置的特点整定为 45°,能保证导前相角(对应于导前时间)发出合闸命令,不致发电机损坏,因此相差整定值在实验中不需要进行修改设置。

(10)进入 QSLCXT-Ⅱ(微机励磁系统)点击"灭磁"按钮。然后在 QSTSXT-Ⅱ(微机调速系统)点击"停机"按钮,最后断开所有的电源开关。

六、实验报告

(1)根据实验现象,分析微机准同期装置的压差、频差和相差闭锁与整定控制单元的内部工作原理。

(2)总结微机调速装置和微机励磁装置如何与微机准同期装置的压差、频差和相差闭锁与整定控制单元配合工作的。

第三节　手动准同期并网实验

一、实验目的

(1)加深理解同步发电机准同期并列运行原理,掌握准同期并列条件。

(2)掌握手动准同期的概念及并网操作方法,准同期并列装置的分类和功能。

(3)熟悉同步发电机手动准同期并列过程。

二、实验原理

在满足并列条件的情况下,只要控制得当,采用准同期并列方法可使冲击电流很小且对电网扰动甚微,故准同期并列方式是电力系统运行中的主要并列方式。准同期并列要求在合闸前通过调整待并发电机组的电压和转速,当满足电压幅值和频率条件后,根据"恒定越前时间原理",由运行操作人员手动或由准同期控制器自动选择合适时机发出合闸命令,这种并列操作的合闸冲击电流一般很小,并且机组投入电力系统后能被迅速拉入同步。

根据并列操作的自动化程度,又可分为手动准同期、半自动准同期和全自动准同期三种方式。

正弦整步电压是不同频率的两正弦电压之差,其幅值作周期性的正弦规律变化。它能反映发电机组与系统间的同步情况,如频率差、相角差以及电压幅值差。线性整步电压反映的是不同频率的两方波电压间相角差的变化规律,其波形为三角波。它能反映电机组与系统间的频率差和相角差,并且不受电压幅值差的影响,因此得到广泛地应用。

手动准同期并列,应在正弦整步电压的最低点(相同点)时合闸,考虑到断路器的固有合闸时间,实际发出合闸命令的时刻应提前一个相应的时间或角度。

自动准同期并列,通常采用恒定越前时间原理工作,这个越前时间可按断路器的合闸时间整定。准同期控制装置根据给定的允许压差和允许频差,不断地检测准同期条件是否满足,在不满足要求时,闭锁合闸并且发出均压、均频控制脉冲。当所有条件均满足时,在整定的越前时间送出合闸脉冲。

三、实验设备

表 3-3　手动准同期并网实验设备表

序号	型号	使用仪器名称	数量	备注
1	EAL-01	电源输出	1	
2	EAL-02/03	双回路输出电路	1	
3	QSTSXT-Ⅱ	微机调速系统	1	
4	QSLCXT-Ⅱ	微机励磁系统	1	
5	QSZTQ-Ⅱ	微机准同期系统	1	

四、注意事项

(1)实验开始前,需仔细阅读实验内容,严格按照实验步骤进行。

(2)操作规程:通电时,依次合上实验台上总电源开关、主电源源开关,空载合线路上的断路器;停电时,一定要先灭磁,再停机,最后断开所有电源开关。

(3)在调节原动机转速时,原动机的转速不要超过 2200 转,若超过 2200 转时,应立即关闭电源开关。

(4)在调节发电机励磁时,主控屏模拟表发动机的线电压不能超过 420 V,触摸屏相电压不能超过 240 V。

五、实验步骤

(1)检查实验台和控制柜的连接、电机和控制柜的连接等,确保连接正常。

(2)合上总电源开关,合上主电源源开关,输电线路选择 XL_1 和 XL_3(即闭合 QFS、QF_1、QF_3 和 QF_5)。调节三相调压器,主控屏系统电压表显示 380 V(即通过调节三相调压器,使得无穷大电源的电压为 380 V)。

（3）打开 QSTSXT-Ⅱ（微机调速系统）、QSLCXT-Ⅱ（微机励磁系统）和QSZTQ-Ⅱ（微机准同期系统）电源船型开关。

（4）进入 QSTSXT-Ⅱ（微机调速系统）中选择"本地控制"，如图 3-11（a）所示；在原动机控制方式界面选择"转速闭环"，如图 3-11（b）所示；在原动机恒转速控制模式界面中点击"转速设置"按钮，输入转速"1500"（1500 rad/min 为原动机的额定转速），点击"转速启动"按钮，等待原动机转速稳定，如图 3-11（c）所示。

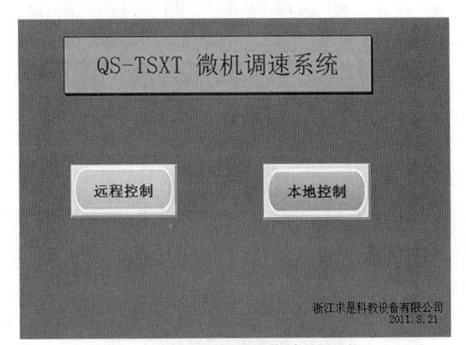

（a）微机调速系统界面

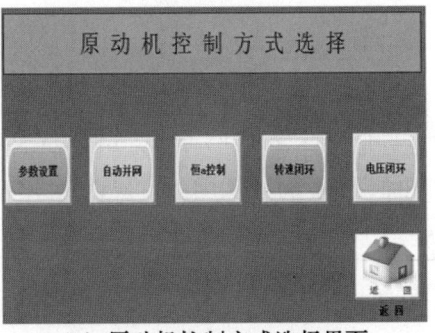

（b）原动机控制方式选择界面

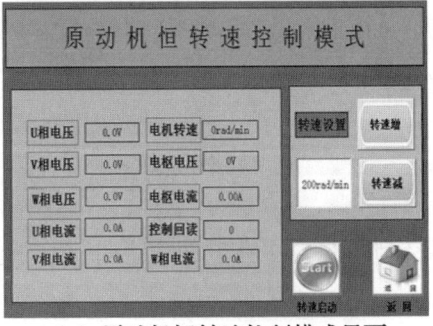

（c）原动机恒转速控制模式界面

图 3-11　微机调速系统操作图

（5）进入 QSLCXT-Ⅱ（微机励磁系统）中选择"本地控制"，如图 3-12(a)所示；在他励模式下工作方式界面选择"电压闭环励磁"，如图 3-12(b)所示；点击"恒 Ug 启动"按钮，通过点击"增加"或"减少"按钮，改变发电机的线电压为 380 V 左右（可以观察主控屏发电机电压表为 380 V 或在触摸屏内观察 U 相电压：220 V 左右、V 相电压：220 V 左右、C 相电压：220 V 左右，因为主控屏模拟表显示的为线电压，触摸屏屏内采集的为相电压），使发电机电压为 380 V 左右，如果电压达不到 380 V，可以点击"增加"或"减少"按钮，如图 3-12(c)所示。

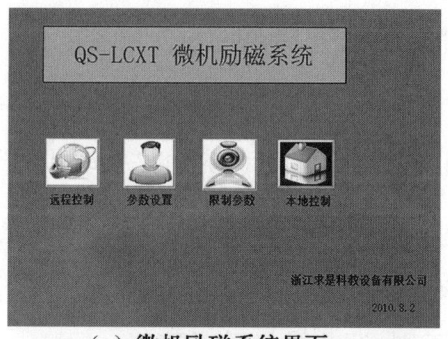

（a）微机励磁系统界面

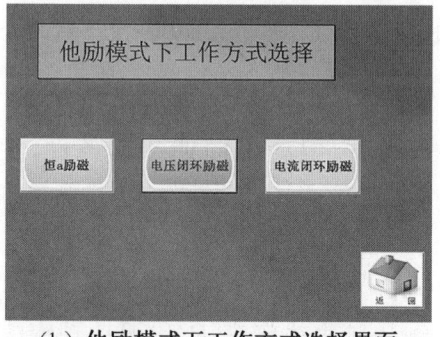

（b）他励模式下工作方式选择界面

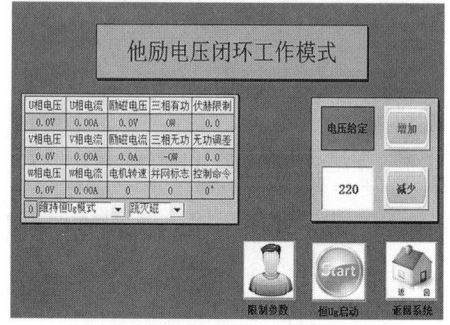

（c）他励电压闭环工作模式界面

图 3-12　微机励磁系统操作图

(6)进入微机准同期系统中选择"本地控制",在并网控制方式界面选择"手动并网",在手动并网控制界面中点击"启动"按钮,在这种情况下,要满足并列条件,需要手动调节发电机电压、频率,直至电压差、频差在允许范围内,相角差在0°前某一合适位置时,手动操作微机准同期装置控制合闸按钮进行合闸。

(7)QSZTQ-Ⅱ(微机准同期系统)上电后,查看系统参数是否为出厂设置("导前时间"设置为 100 ms;"允许频差"设置为 0.3 Hz;"允许压差"设置为 5 V),若不符则进行相关修改,密码:12345。

(8)手动准同期并网步骤:

①进入 QSZTQ-Ⅱ(微机准同期系统)的"手动并网"界面,勾上复选框,观察频差和压差的数字,以及相角差指示灯的旋转方向。

②点击微机调速装置上的"+"按钮进行增频,频差显示接近于 0;此时压差显示也应接近于 0,否则,调节微机励磁装置。

③观察相位差指示灯,当相角差接近 0°位置时(此时相差也满足条件),点击"并网"按钮,合闸成功。

(9)在手动准同期方式下,偏离准同期并列条件,发电机组的并列运行操作:本实验分别在单独一种并列条件不满足的情况下合闸,有以下三种情况:

①电压差、相角差条件满足,频率差不满足,在 $f_g > f_s$ 和 $f_g < f_s$ 时,手动合闸,观察并记录实验台上有功功率表 P 和无功功率表 Q 指针偏转方向及偏转角度大小,分别填入表 3-4。

注意:频率差不要大于 0.5 Hz。

②频率差、相角差条件满足,电压差不满足,$U_g > U_s$ 和 $U_g < U_s$ 时,手动合闸,观察并记录实验台上有功功率表 P 和无功功率表 Q 指针偏转方向及偏转角度大小,分别填入表 3-4。

注意:电压差不要大于额定电压的 10%。

③频率差、电压差条件满足,相角差不满足,顺时针旋转和逆时针旋转时手动合闸,观察并记录实验台上有功功率表 P 和无功功率表 Q 指针偏转方向

及偏转角度大小,分别填入表 3-4。

注意:相角差不要大于 30°。

表 3-4　偏离准同期并列条件并网操作时,发电机组的功率方向变化表

参数	状态					
	$f_g > f_s$	$f_g < f_s$	$U_g > U_s$	$U_g < U_s$	相位顺时针	相位逆时针
$P(\mathrm{kW})$						
$Q(\mathrm{kVar})$						

(10)进入 QSTSXT-Ⅱ(微机调速系统)点击"有功加"或"有功减"按钮把有功调整至 0 左右,进入 QSLCXT-Ⅱ(微机励磁系统)点击:"增加"或者"减少"按钮把无功调整至 0 左右时,点击 QSZTQ-Ⅱ(微机准同期系统)的"解列"按钮,在 QSLCXT-Ⅱ(微机励磁系统)点击"灭磁"按钮。然后在 QSTSXT-Ⅱ(微机调速系统)点击"停机"按钮,最后断开所有的电源开关。

六、实验报告

(1)根据实验步骤,详细分析手动准同期并列过程。

(2)根据实验数据,比较满足同期并列条件与偏离准同期并列条件合闸时,对发电机组和系统并列时的影响。

第四节　半自动准同期并网实验

一、实验目的

(1)加深理解同步发电机准同期并列原理,掌握准同期并列条件。

(2)掌握半自动准同期装置的工作原理及使用方法。

(3)熟悉同步发电机半自动准同期并列过程。

二、实验原理

为了使待并发电机组满足并列条件,完成并列自动化的任务,自动准同期装置需要满足以下基本技术要求:

(1)在频差及电压差均满足要求时,自动准同期装置应在恒定越前时间瞬间发出合闸信号,使断路器在 $\delta_e = 0$ 时闭合。

(2)在频差或电压差任一满足要求时,或都不满足要求时,虽然恒定越前时间到达,自动准同期装置不发出合闸信号。

(3)在完成上述两项基本技术要求后,自动准同期装置要具有均压和均频的功能。如果频差满足要求,是发电机的转速引起的,此时自动准同期装置要发出均频脉冲,改变发电机组的转速。如果电压差不满足要求,是发电机的励磁电流引起的,此时自动准同期装置要发出均压脉冲,改变发电机的励磁电流的大小。

同步发电机的自动准同期装置按自动化程度可分为:半自动准同期并列装置和自动准同期并列装置。

半自动准同期并列装置没有频差调节和压差调节功能。并列时,待并发电机的频率和电压由运行人员监视和调整,当频率和电压都满足并列条件时,并列装置就在合适的时间发出合闸信号。它与手动并列的区别仅仅是合闸信号由该装置经判断后自动发出,而不是由运行人员手动发出。

三、实验设备

表 3-5　半自动准同期并网实验设备表

序号	型号	使用仪器名称	数量	备注
1	EAL-01	电源输出	1	
2	EAL-02/03	双回路输出电路	1	
3	QSTSXT-Ⅱ	微机调速系统	1	
4	QSLCXT-Ⅱ	微机励磁系统	1	
5	QSZTQ-Ⅱ	微机准同期系统	1	

四、注意事项

(1)实验开始前,需仔细阅读实验内容,严格按照实验步骤进行。

(2)操作规程:通电时,依次合上实验台上总电源开关、主电源源开关,空载合线路上的断路器;停电时,一定要先灭磁,再停机,最后断开所有电源开关。

(3)在调节原动机转速时,原动机的转速不要超过 2200 转,若超过 2200 转时,应立即关闭电源开关。

(4)在调节发电机励磁时,主控屏模拟表发动机的线电压不能超过 420 V,触摸屏相电压不能超过 240 V。

五、实验步骤

(1)检查实验台和控制柜的连接、电机和控制柜的连接等,确保连接正常。

(2)合上总电源开关,合上主电源源开关,输电线路选择 XL$_1$ 和 XL$_3$(即闭合 QFS、QF$_1$、QF$_3$ 和 QF$_5$)。调节三相调压器,主控屏系统电压表显示 380 V(即通过调节三相调压器,使得无穷大电源的电压为 380 V)。

（3）打开 QSTSXT-Ⅱ（微机调速系统）、QSLCXT-Ⅱ（微机励磁系统）和 QSZTQ-Ⅱ（微机准同期系统）电源船型开关。

（4）进入 QSTSXT-Ⅱ（微机调速系统）中选择"本地控制"，如图 3-13（a）所示；在原动机控制方式界面选择"转速闭环"，如图 3-13（b）所示；在原动机恒转速控制模式界面中点击"转速设置"按钮，输入转速"1500"（1500 rad/min 为原动机的额定转速），点击"转速启动"按钮，等待原动机转速稳定，如图 3-13（c）所示。

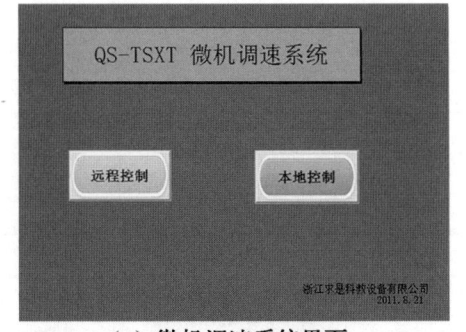

（a）微机调速系统界面

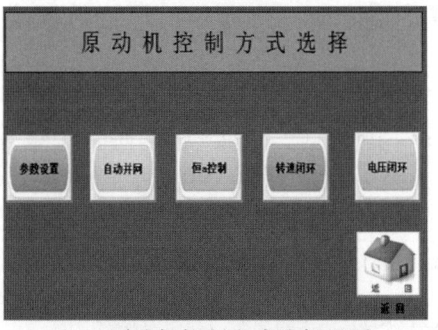

（b）原动机控制方式选择界面

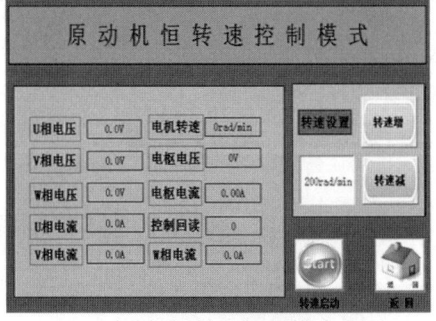

（c）原动机恒转速控制模式界面

图 3-13　微机调速系统操作图

（5）进入 QSLCXT-Ⅱ（微机励磁系统）中选择"本地控制"，如图 3-14(a)所示；在他励模式下工作方式界面选择"电压闭环励磁"，如图 3-14(b)所示；点击"恒 Ug 启动"按钮，通过点击"增加"或"减少"按钮，改变发电机的线电压为 380 V 左右（可以观察主控屏发电机电压表为 380 V 或在触摸屏内观察 U 相电压：220 V 左右、V 相电压：220 V 左右、C 相电压：220 V 左右，因为主控屏模拟表显示的为线电压，触摸屏屏内采集的为相电压），使发电机电压为 380 V 左右，如果电压达不到 380 V，可以点击"增加"或"减少"按钮，如图 3-14(c)所示。

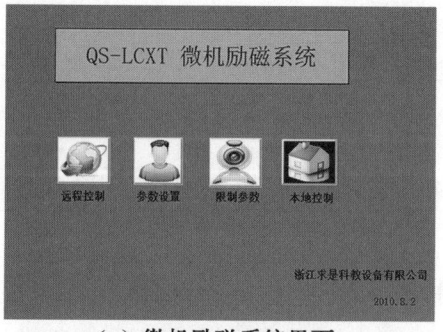

（a）微机励磁系统界面

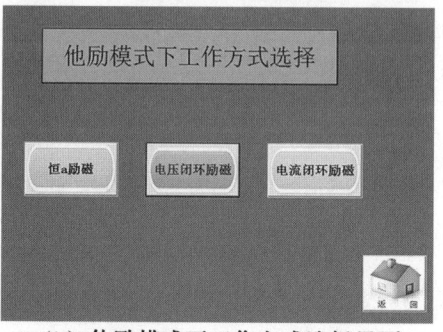

（b）他励模式下工作方式选择界面

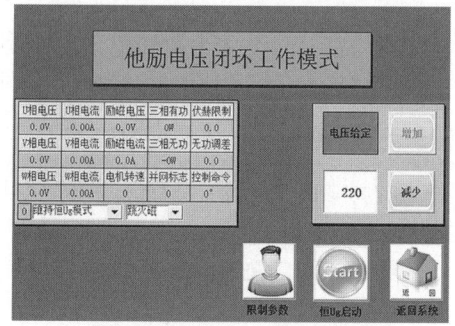

（c）他励电压闭环工作模式界面

图 3-14　微机励磁系统操作图

（6）进入 QSZTQ-Ⅱ（微机准同期系统）中选择"本地控制"，在并网控制方式界面选择"半自动并网"，在半自动并网控制界面中点击"启动"按钮，在这种情况下，要满足并列条件，需要手动调节发电机电压、频率，直至电压差、频差在允许范围内，相角差在0°前某一合适位置时，微机准同期装置控制自动控制合闸按钮进行合闸。

（7）QSZTQ-Ⅱ（微机准同期系统）上电后，查看系统参数是否为出厂设置（"导前时间"设置为 100 ms；"允许频差"设置为 0.3 Hz；"允许压差"设置为 5 V），若不符则进行相关修改，密码：12345。

（8）半自动准同期并网步骤：

①观察微机准同期装置压差闭锁和升压/降压指示灯的变化情况。若压差闭锁灯灭，升压指示灯亮，相应操作微机励磁装置上的"＋"按钮进行升压，否则相应操作微机励磁装置上的"－"按钮进行降压，直至"压差闭锁"灯亮。在此调节过程中，观察并记录压差变化情况。

②观察微机准同期装置频差闭锁和加速/减速指示灯的变化情况。若频差闭锁灯灭，加速指示灯亮，相应操作微机调速装置上的"＋"按钮进行增频，否则相应操作微机励磁装置的"－"按钮进行减频，直至"频差闭锁"灯亮。在此调节过程中，观察并记录频差的变化，以及相位差指示灯旋转方向及旋转速度情况。

③"压差闭锁"和"频差闭锁"灯亮，表示压差、频差均满足条件，微机装置自动判断相差也满足条件时，发出合闸命令，合闸成功后，QFG（发电机侧的断路器）绿灯亮，开始记录数据。

（9）进入 QSTSXT-Ⅱ（微机调速系统）点击"有功加"或"有功减"按钮把有功调整至0左右，进入 QSLCXT-Ⅱ（微机励磁系统）点击"增加"或者"减少"按钮把无功调整至0左右时，点击 QSZTQ-Ⅱ（微机准同期系统）的"解列"按钮，在 QSLCXT-Ⅱ（微机励磁系统）点击"灭磁"按钮。然后在 QSTSXT-Ⅱ（微机调速系统）点击"停机"按钮，最后断开所有的电源开关。

六、实验报告

（1）根据实验步骤，详细分析半自动准同期并列过程。

（2）通过实验过程，分析半自动准同期与手动准同期的异同点。

第五节　自动准同期并网实验

一、实验目的

(1)加深理解同步发电机准同期并列原理,掌握准同期并列条件。

(2)掌握自动准同期装置的工作原理及使用方法。

(3)熟悉同步发电机准同期并列过程。

二、实验原理

自动准同期并列装置设置与半自动准同期并列装置相比,增加了频差调节和压差调节功能,自动化程度大大提高,其原理图如图 3-15 所示。

微机准同期装置的均频调节功能,主要实现滑差方向的检测以及调整脉冲展宽,向发电机组的调速机构发出准确的调速信号,使发电机组与系统间尽快满足允许并列的要求。

微机准同期装置的均压调节功能,主要实现压差方向的检测以及调整脉冲展宽,向发电机的励磁系统发出准确的调压信号,使发电机组与系统间尽快满足允许并列的要求。此过程中要考虑励磁系统的时间常数,电压升降平稳后,再进行一次均压控制,以使压差达到较小的数值,更有利于平稳地进行并列。

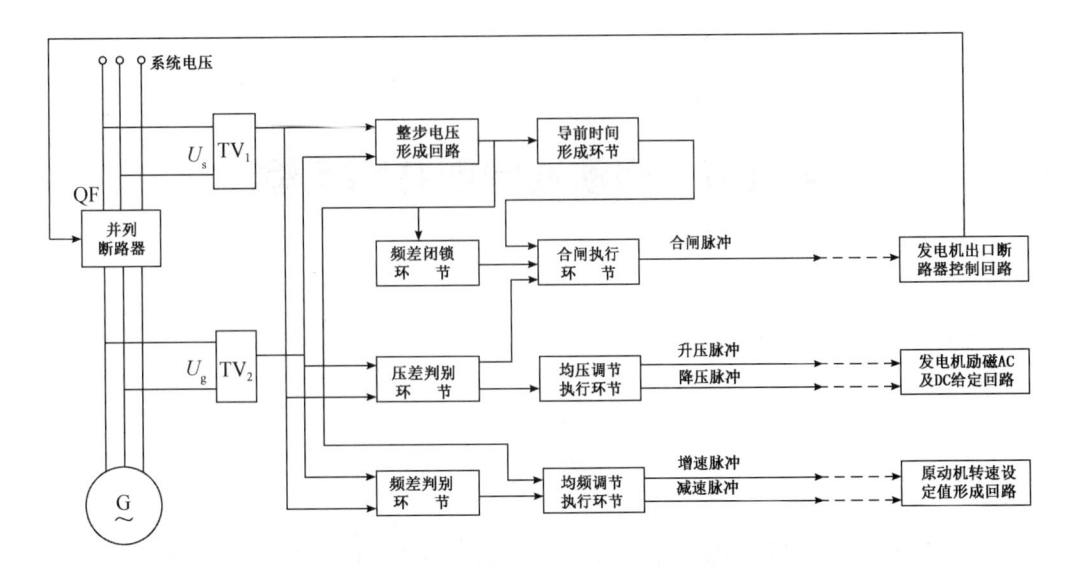

图 3-15　自动准同期并列装置的原理框图

三、实验设备

表 3-6　自动准同期并网实验设备表

序号	型号	使用仪器名称	数量	备注
1	EAL-01	电源输出	1	
2	EAL-02/03	双回路输出电路	1	
3	QSTSXT-Ⅱ	微机调速系统	1	
4	QSLCXT-Ⅱ	微机励磁系统	1	
5	QSZTQ-Ⅱ	微机准同期系统	1	

四、注意事项

(1)实验开始前,需仔细阅读实验内容,严格按照实验步骤进行。

(2)操作规程:通电时,依次合上实验台上总电源开关、主电源源开关,空载合线路上的断路器;停电时,一定要先灭磁,再停机,最后断开所有电源开关。

(3)在调节原动机转速时,原动机的转速不要超过2200转,若超过2200转时,应立即关闭电源开关。

（4）在调节发电机励磁时，主控屏模拟表发动机的线电压不能超过420 V，触摸屏相电压不能超过240 V。

（5）当一次合闸过程完毕，微机准同期装置会自动解除合闸命令，避免二次合闸。此时若要再进行微机准同期并网，须点击"解列"按钮，然后再勾上复选框，最后点击"并网"按钮。

五、实验步骤

（1）检查实验台和控制柜的连接、电机和控制柜的连接等，确保连接正常。

（2）合上总电源开关，合上主电源源开关，输电线路选择 XL_1 和 XL_3（即闭合 QFS、QF_1、QF_3 和 QF_5）。调节三相调压器，主控屏系统电压表显示 380 V（即通过调节三相调压器，使得无穷大电源的电压为 380 V）。

（3）打开 QSTSXT-Ⅱ（微机调速系统）、QSLCXT-Ⅱ（微机励磁系统）和 QSZTQ-Ⅱ（微机准同期系统）电源船型开关。

（4）进入 QSTSXT-Ⅱ（微机调速系统）中选择"本地控制"，如图 3-16(a)所示；在原动机控制方式界面选择"转速闭环"，如图 3-16(b)所示；在原动机恒转速控制模式界面中点击"转速设置"按钮，输入转速"1500"（1500 rad/min 为原动机的额定转速），点击"转速启动"按钮，等待原动机转速稳定，如图 3-16(c)所示。

（5）进入 QSLCXT-Ⅱ（微机励磁系统）中选择"本地控制"，如图 3-17(a)所示；在他励模式下工作方式界面选择"电压闭环励磁"，如图 3-17(b)所示；点击"恒 U_g 启动"按钮，通过点击"增加"或"减少"按钮，改变发电机的线电压为 380 V 左右（可以观察主控屏发电机电压表为 380 V 或在触摸屏内观察 U 相电压:220 V 左右、V 相电压:220 V 左右、C 相电压:220 V 左右，因为主控屏模拟表显示的为线电压，触摸屏屏内采集的为相电压），使发电机电压为 380 V 左右，如果电压达不到 380 V，可以点击"增加"或"减少"按钮，如图 3-17(c)所示。

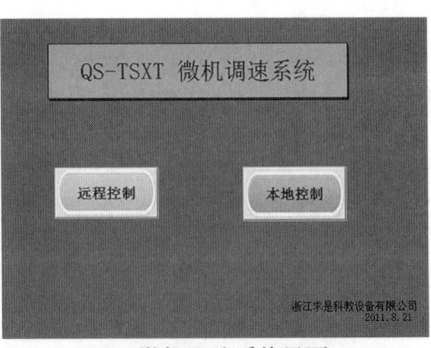

（a）微机调速系统界面

（b）原动机控制方式选择界面

（c）原动机恒转速控制模式界面

图 3-16　微机调速系统操作图

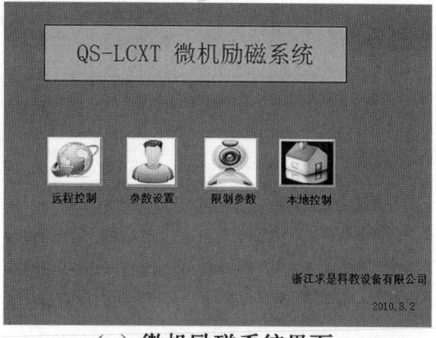

（a）微机励磁系统界面

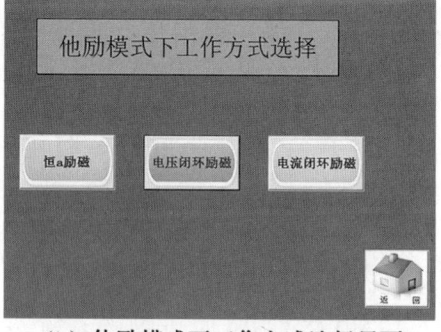

（b）他励模式下工作方式选择界面

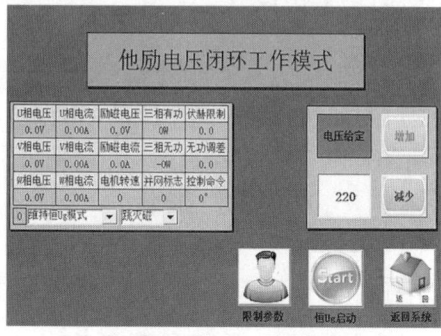

（c）他励电压闭环工作模式界面

图 3-17 微机励磁系统操作图

（6）进入 QSZTQ-Ⅱ（微机准同期系统）中选择"本地控制"，在并网控制方式选择"自动并网"。在这种情况下，微机准同期装置能够自动控制微机调速装置和微机励磁装置，调节发电机电压、频率，直至电压差、频差在允许范围内，相角差在 0°前某一合适位置时，微机准同期装置控制合闸按钮进行合闸，以实现并网。

（7）QSZTQ-Ⅱ（微机准同期系统）上电后，查看系统参数是否为出厂设置

("导前时间"设置为 100 ms;"允许频差"设置为 0.3 Hz;"允许压差"设置为 5 V),若不符则进行相关修改,密码:12345。

(8)自动准同期步骤:

①点击 QSTSXT-Ⅱ(微机调速系统)和 QSLCXT-Ⅱ(微机励磁系统)中的"并网"按钮,在 QSZTQ-Ⅱ(微机准同期系统)中勾上复选框,然后点击"并网"按钮。

②观察微机准同期装置当"升速/降速"命令指示灯亮或灭时,微机调速装置上有什么反应;当"升压/降压"命令指示灯亮或灭时,微机励磁调节装置上有什么反应。

③观察微机准同期装置"升速/降速"、"升压/降压"命令指示灯亮或灭时,旋转灯光的旋转方向、旋转速度,以及发出命令时对应的灯光的位置。

(9)进入 QSTSXT-Ⅱ(微机调速系统)点击"有功加"或"有功减"按钮把有功调整至 0 左右,进入 QSLCXT-Ⅱ(微机励磁系统)点击"增加"或者"减少"按钮把无功调整至 0 左右时,点击 QSZTQ-Ⅱ(微机准同期系统)的"解列"按钮,在 QSLCXT-Ⅱ(微机励磁系统)点击"灭磁"按钮。然后在 QSTSXT-Ⅱ(微机调速系统)点击"停机"按钮,最后断开所有的电源开关。

六、实验报告

(1)根据实验内容分析自动准同期的工作原理及过程。

(2)分析以下参数改变对自动准同期并列的影响:导前时间、允许频差和允许压差。

(3)通过实验,分析自动准同期、半自动准同期与手动准同期的异同点。

第四章　电力系统分析综合实验

电力系统的研究方法和其他科技领域一样,可以概括为理论分析和科学实践两种途径,由于电力系统及其暂态过程的复杂性,仅靠理论分析往往难以得到全面的知识。因此,科学实践在电力系统分析领域至关重要。

电力系统的科学实验研究可以在实际电力系统(简称原型)上进行,也可以在模拟的电力系统(简称模型)上进行。在原型上进行电力系统实验无疑能得到最真实的结果,受时间、经济、安全等多方面因素的影响,当需要模拟一些比较严重的故障(短路、振荡、失步等)时,实验不一定都能进行,更不能进行多次重复性的实验。因此模型实验在电力系统分析中具有十分重要的意义。

在前三章的基础上,本章主要介绍电力系统分析的综合性实验,包括稳态实验、断相实验、功率特性实验、暂态稳定实验、无功调节实验。

第一节　单机-无穷大系统稳态运行

一、实验目的

(1)熟悉远距离输电的线路基本结构和参数的测试方法(参数 U、P、Q、I)。

(2)掌握对称稳定工况下,输电系统的各种运行状态与运行参数的数值变化范围。

二、实验原理

单机-无穷大系统模型是简单电力系统分析最基本、最主要的研究对象。本实验平台建立的是一种物理模型,如图 4-1 所示。

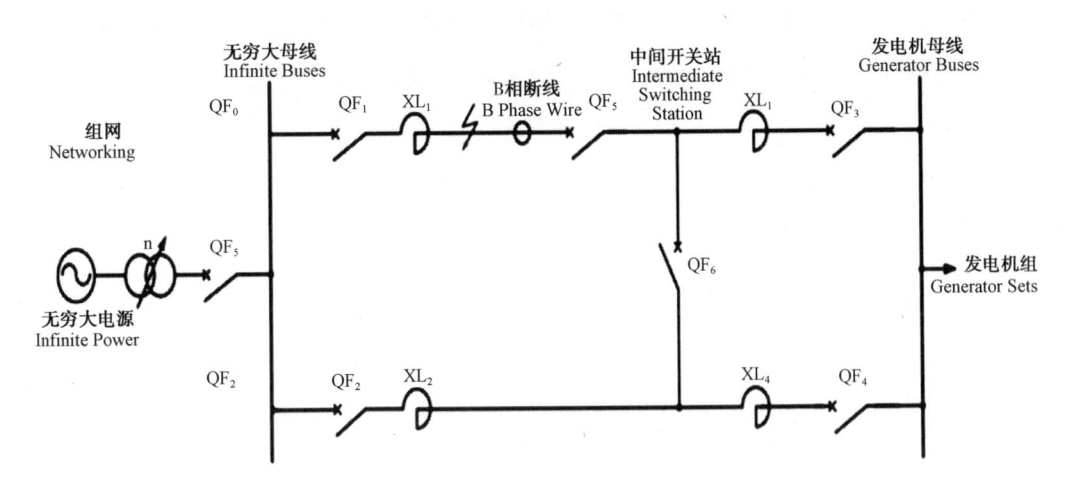

图 4-1　单机-无穷大系统示意图

同步发电机输出功率可改变,系统电压、同步发电机电压也可改变。"无穷大系统"采用大功率三相自耦调压器,三相自耦调压器的容量远大于发电机的容量,可近似看作无穷大电源,并且通过调压器可以方便地模拟系统电压的波动。设定单机-无穷大系统时,系统电压 U_s 为 380 V 不变,功率因数也保持不变。输电线路是用多个接成链型的电抗线圈来模拟,其电抗值满足相似条件。

发电机组的原动机采用国标直流电动机模拟,但其特性与电厂的大型原动机并不相似。发电机组并网运行后,输出有功功率的大小可以通过调节直流电动机的电枢电压来调节(具体操作必须严格按照调速器的正确安全操作步骤进行)。发电机组的三相同步发电机采用的是工业现场标准的小型发电机,参数与大型同步发电机不相似,但可将其看作一种具有特殊参数的电力系统发电机。

实验平台提供的测量仪表可以实现方便地测量(电压、电流、功率、功率因数、频率)。QSZTQ-II(微机准同期系统)上有功角显示,便于直接观察功角变化。

三、实验设备

表 4-1　单机-无穷大系统稳态运行实验设备表

序号	型号	使用仪器名称	数量	备注
1	EAL-01	电源输出	1	
2	EAL-02/03	双回路输出电路	1	
3	QSTSXT-II	微机调速系统	1	
4	QSLCXT-II	微机励磁系统	1	
5	QSZTQ-II	微机准同期系统	1	

四、注意事项

(1)实验开始前,需仔细阅读实验内容,严格按照实验步骤进行。

(2)操作规程:通电时,依次合上实验台上总电源开关、主电源源开关,空载合线路上的断路器;停电时,一定要先灭磁,再停机,最后断开所有电源开关。

（3）在调节原动机转速时,原动机的转速不要超过 2200 转,若超过 2200 转时,则应立即关闭电源开关。

（4）在调节发电机励磁时,主控屏模拟表发动机的线电压不能超过 420 V,触摸屏相电压不能超过 240 V。

（5）在调节功率过程中,发电机组一旦出现失步问题,应立即进行以下操作,使发电机恢复同步运行状态:操作微机调速装置上的"－"按钮,减少有功功率;操作微机励磁装置上的"＋"按钮,提高发电机电势;单回路切换成双回路。

五、实验步骤

（1）检查实验台和控制柜的连接、电机和控制柜的连接等,确保连接正常。

（2）合上总电源开关,合上主电源源开关,输电线路选择 XL_1 和 XL_3（即闭合 QFS、QF_1、QF_3 和 QF_5）。调节三相调压器,主控屏系统电压表显示 380 V（即通过调节三相调压器,使得无穷大电源的电压为 380 V）。

（3）打开 QSTSXT-Ⅱ（微机调速系统）、QSLCXT-Ⅱ（微机励磁系统）和 QSZTQ-Ⅱ（微机准同期系统）电源船型开关。

（4）进入 QSTSXT-Ⅱ（微机调速系统）中选择"本地控制",如图 4-2（a）所示;在原动机控制方式界面选择"转速闭环",如图 4-2（b）所示;在原动机恒转速控制模式界面中点击"转速设置"按钮,输入转速"1500"（1500 rad/min 为原动机的额定转速）,点击"转速启动"按钮,等待原动机转速稳定,如图 4-2（c）所示。

（5）进入 QSLCXT-Ⅱ（微机励磁系统）中选择"本地控制",如图 4-3（a）所示;在他励模式下工作方式界面选择"电流闭环励磁",如图 4-3（b）所示;点击"闭环启动"按钮,通过点击"增加"或"减少"按钮,改变发电机的线电压为 380 V 左右（可以观察主控屏发电机电压表为 380 V 或在触摸屏内观察 U 相电压:220 V 左右、V 相电压:220 V 左右、C 相电压:220 V 左右,因为主控屏模拟表显示的为线电压,触摸屏屏内采集的为相电压),使发电机电压为 380 V 左右,如果电压达不到 380 V,可以点击"增加"或"减少"按钮,如图 4-3(c) 所示。

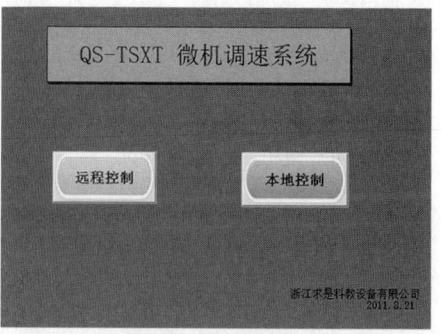

（a）微机调速系统界面

（b）原动机控制方式选择界面

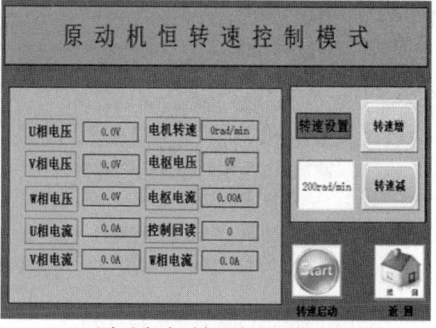

（c）原动机恒转速控制模式界面

图 4-2 微机调速系统操作图

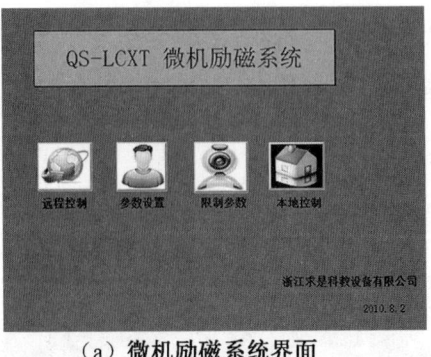

（a）微机励磁系统界面

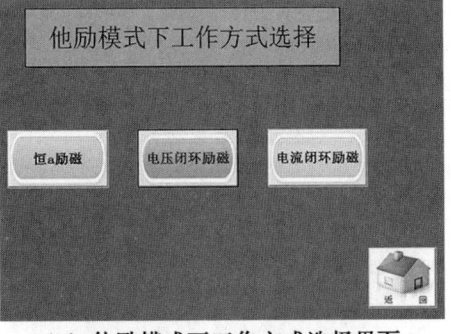

（b）他励模式下工作方式选择界面

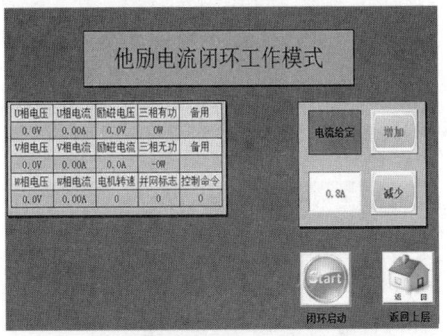

（c）他励电流闭环工作模式界面

图 4-3　微机励磁系统操作图

　　（6）进入 QSZTQ-Ⅱ（微机准同期系统）中选择"本地控制"，在并网控制方式界面选择"半自动并网"，在半自动并网控制界面中点击"启动"按钮，在这种情况下，要满足并列条件，需要手动调节发电机电压、频率，直至电压差、频差在允许范围内，相角差在 0°前某一合适位置时，微机准同期装置控制自动控制合闸按钮进行合闸。"压差闭锁"和"频差闭锁"灯亮，表示压差、频差均满足条件，微机装置自动判断相差也满足条件时，发出合闸命令，合闸成功后，

QFG 绿灯亮。

(7)并上网后点击微机调速装置的"有功增"、"有功减"按钮,调整发电机有功功率(有功不能超过 600 W);点击微机励磁装置的"无功增"、"无功减"按钮,调整发电机无功功率,使输电系统处于不同的运行状态,为了方便实验数据的分析和比较,在调节过程中 U_g＝380 V 左右(电压不能超过 420 V)。观察并记录线路首、末端的测量表计值及线路开关站的电压值,计算、分析和比较运行状态不同时,运行参数(电压损耗、电压降落、沿线电压变化、无功功率的方向等)变化的特点及数值范围,记录数据于表 4-2 中。

表 4-2　稳态对称运行参数表

$P/\text{kW};Q/\text{kVar};U/\text{V};I/\text{A}$

线路结构	参数									
	P_1	Q_1	I	P_2	Q_2	U_g	U_s	ΔU	ΔP	ΔQ
单回路										
双回路										

注:P_1—发电机端有功功率;Q_1—发电机端无功功率;U_g—发电机端电压;P_2—受端有功功率;Q_2—受端无功功率;U_S—受端电压;I—发动机端电流;ΔU—电压损耗;ΔP—有功损耗;ΔQ—无功损耗。

(8)双回路稳态对称运行:实验步骤基本按单回路稳态对称运行实验,只是将原来的单回路线路改成双回路运行。观察并记录数据于表 4-2 中,并将单回路对称运行与双回路进行比较分析。

（9）进入 QSTSXT-Ⅱ（微机调速系统）点击"有功加"或"有功减"按钮把有功调整至 0 左右，进入 QSLCXT-Ⅱ（微机励磁系统）点击"增加"或者"减少"按钮把无功调整至 0 左右时，点击 QSZTQ-Ⅱ（微机准同期系统）的"解列"按钮，在 QSLCXT-Ⅱ（微机励磁系统）点击"灭磁"按钮。然后在 QSTSXT-Ⅱ（微机调速系统）点击"停机"按钮，最后断开所有的电源开关。

六、实验报告

（1）整理实验数据，说明单回路输电和双回路输电对电力系统稳定运行的影响，并对实验结果进行理论分析。

（2）根据不同运行状态的线路首、末端和中间开关站的实验数据分析、比较运行状态不同时，运行参数变化的特点和变化范围。

（3）根据实验数据，分析输电线路各运行参数的测定方法和参数变化规律。

（4）思考在调节功率过程中发电机组一旦出现失步问题，应采取哪些措施？

第二节　电力系统双电源单回路稳态非全相运行实验

一、实验目的

（1）熟悉远距离输电的线路基本结构和参数的测试方法（参数 U、P、Q、I）。

（2）掌握对称稳定工况下，输电系统的各种运行状态与运行参数的数值变化范围。

（3）掌握输电系统稳态不对称运行的条件、参数和不对称运行对发电机的影响等。

二、实验原理

电力系统不对称运行是指组成电力系统的电器元件三相对称性状态遭到破坏时的运行状态，如三相阻抗不对称、三相负载不对称等。而非全相运行是指不对称的特殊情况，即输电线路、变压器及其他电气设备断开一相的工作状态。

电力系统不对称运行状态下将导致电压电流对称性破坏，出现负序电流。当变压器中性点接地时，还会出现零序电流，引起一些不利的影响。所以必须设置微机保护装置并投入运行。

三、实验设备

表 4-3 电力系统双电源单回路稳态非全相运行实验设备表

序号	型号	使用仪器名称	数量	备注
1	EAL-01	电源输出	1	
2	EAL-02/03	双回路输出电路	1	
3	QSTSXT-Ⅱ	微机调速系统	1	
4	QSLCXT-Ⅱ	微机励磁系统	1	
5	QSZTQ-Ⅱ	微机准同期系统	1	

四、注意事项

(1)实验开始前,需仔细阅读实验内容,严格按照实验步骤进行。

(2)操作规程:通电时,依次合上实验台上总电源开关、主电源源开关,空载合线路上的断路器;停电时,一定要先解列,再灭磁,然后停机,最后断开所有电源开关。

(3)在调节原动机转速时,原动机的转速不要超过 2200 转,若超过 2200转时,则应立即关闭电源开关。

(4)在调节发电机励磁时,主控屏模拟表发动机的线电压不能超过 420 V,触摸屏相电压不能超过 240 V。

(5)在调节功率过程中,发电机组一旦出现失步问题,应立即进行以下操作,使发电机恢复同步运行状态:操作微机调速装置上的"－"按钮,减少有功功率;操作微机励磁装置上的"＋"按钮,提高发电机电势;单回路切换成双回路。

五、实验步骤

(1)检查实验台和控制柜的连接、电机和控制柜的连接等,确保连接正常。

(2)合上总电源开关,合上主电源源开关,输电线路选择 XL_1 和 XL_3(即闭合 QFS、QF_1、QF_3 和 QF_5)。调节三相调压器,主控屏系统电压表显示 380 V(即通过调节三相调压器,使得无穷大电源的电压为 380 V)。

（3）打开 QSTSXT-Ⅱ（微机调速系统）、QSLCXT-Ⅱ（微机励磁系统）和 QSZTQ-Ⅱ（微机准同期系统）电源船型开关。

（4）进入 QSTSXT-Ⅱ（微机调速系统）中选择"本地控制"，如图 4-4（a）所示；在原动机控制方式界面选择"转速闭环"，如图 4-4（b）所示；在原动机恒转速控制模式界面中点击"转速设置"按钮，输入转速"1500"（1500 rad/min 为原动机的额定转速），点击"转速启动"按钮，等待原动机转速稳定，如图 4-4（c）所示。

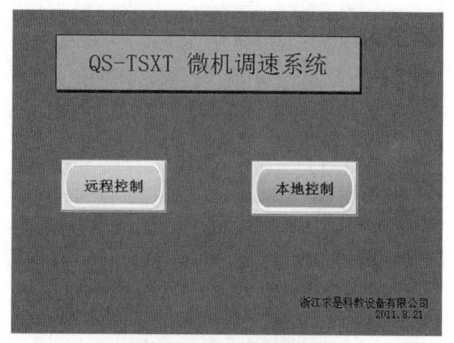

（a）微机调速系统界面

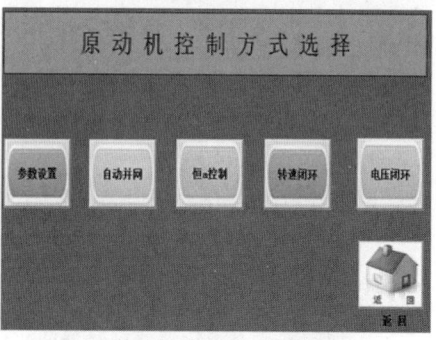

（b）原动机控制方式选择界面

（c）原动机恒转速控制模式界面

图 4-4 微机调速系统操作图

(5)进入 QSLCXT-Ⅱ(微机励磁系统)中选择"本地控制",如图 4-5(a)所示;在他励模式下工作方式界面选择"电流闭环励磁",如图 4-5(b)所示;点击"闭环启动"按钮,通过点击"增加"或"减少"按钮,改变发电机的线电压为 380 V 左右(可以观察主控屏发电机电压表为 380 V 或在触摸屏内观察 U 相电压:220 V 左右、V 相电压:220 V 左右、C 相电压:220 V 左右,因为主控屏模拟表显示的为线电压,触摸屏屏内采集的为相电压),使发电机电压为 380 V 左右,如果电压达不到 380 V,可以点击"增加"或"减少"按钮,如图 4-5(c)所示。

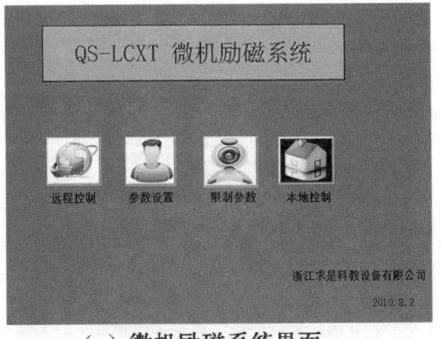

（a）微机励磁系统界面

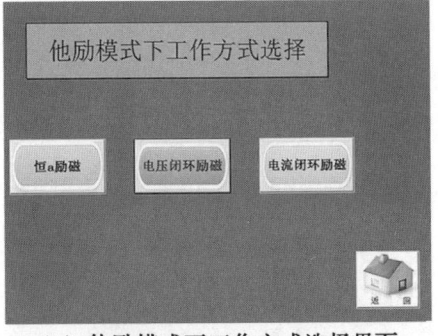

（b）他励模式下工作方式选择界面

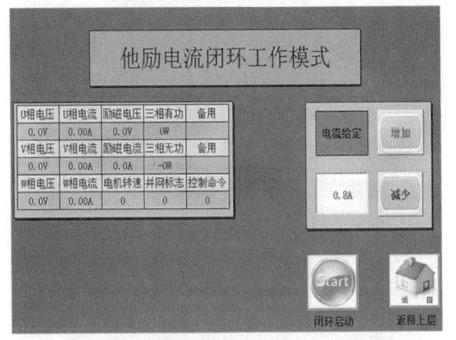

（c）他励电流闭环工作模式界面

图 4-5　微机励磁系统操作图

(6)进入 QSZTQ-Ⅱ（微机准同期系统）中选择"本地控制"，在并网控制方式界面选择"半自动并网"，在半自动并网控制界面中点击"启动"按钮，在这种情况下，要满足并列条件，需要手动调节发电机电压、频率，直至电压差、频差在允许范围内，相角差在 0° 前某一合适位置时，微机准同期装置控制自动控制合闸按钮进行合闸。"压差闭锁"和"频差闭锁"灯亮，表示压差、频差均满足条件，微机装置自动判断相差也满足条件时，发出合闸命令，合闸成功后，QFG 绿灯亮。

(7)并上网后点击微机调速装置的"有功增"、"有功减"按钮，调整发电机有功功率（有功不能超过 600 W）；点击微机励磁装置的"无功增"、"无功减"按钮，调整发电机无功功率，使输电系统处于不同的运行状态，为了方便实验数据的分析和比较，在调节过程中 $U_g = 380$ V 左右（电压不能超过 420 V）。观察并记录线路首、末端的测量表计值及线路开关站的电压值，计算、分析和比较运行状态不同时，运行参数（电压损耗、电压降落、沿线电压变化、无功功率的方向等）变化的特点及数值范围，记录数据于表 4-4 中。

(8)单回路稳态非全相运行实验：首先在全相运行的基础上，减小发动机的有功和无功大概为 0 时，输送单回路稳态对称运行时相同的功率（及闭合 QFS、QF_1、QF_3、QF_5），此时设置发电机出口非全相运行（断开 B 相）及按下 B 相（B 相断线灯不亮）；然后点击微机调速装置的"有功增"、"有功减"按钮，调整发电机有功功率（有功不能超过 600 W）；点击微机励磁装置的"无功增"、"无功减"按钮，调整发电机无功功率，使输电系统处于不同的运行状态。观察并将记录数据列于表 4-4 中。

表 4-4 稳态对称运行参数表

$P/\text{kW};Q/\text{kVar};U/\text{V};I/\text{A}$

运行状态	参数									
	P_1	Q_1	I	P_2	Q_2	U_g	U_s	ΔU	ΔP	ΔQ
单回路全相运行										

运行状态	参数									
	P_1	Q_1	I	P_2	Q_2	U_g	U_s	ΔU	ΔP	ΔQ
单回路非 全相运行 （B相断线）										

注：P_1—发电机端有功功率；Q_1—发电机端无功功率；U_g—发电机端电压；P_2—受端有功功率；Q_2—受端无功功率；U_s—受端电压；I—发动机端电流；ΔU—电压损耗；ΔP—有功损耗；ΔQ—无功损耗。

（9）进入 QSTSXT-Ⅱ（微机调速系统）点击"有功加"或"有功减"按钮把有功调整至 0 左右，进入 QSLCXT-Ⅱ（微机励磁系统）点击"增加"或者"减少"按钮把无功调整至 0 左右时，点击 QSZTQ-Ⅱ（微机准同期系统）的"解列"按钮，在 QSLCXT-Ⅱ（微机励磁系统）点击"灭磁"按钮。然后在 QSTSXT-Ⅱ（微机调速系统）点击"停机"按钮，最后断开所有的电源开关。

六、实验报告

（1）不对称运行对同步发电机有哪些影响？如何确定发电机不对称运行时允许带负载的范围？

（2）比较非全相运行实验的前、后实验数据，分析输电线路各运行参数的变化。

（3）在做不对称运行实验时，可采用不对称负载实验，也可采用输电线路不对称运行实验，它们之间有什么本质差异，为什么？

第三节　电力系统功率特性和功率极限实验

一、实验目的

(1)加深理解发电机功率特性和功率极限的概念。

(2)通过实验了解、提高电力系统功率极限的措施。

二、实验原理

图 4-6 为一个简单电力系统示意图,其中发电机通过升压变压器 T_1、输电线路和降压变压器 T_2 接到无限大容量系统,为了分析方便,往往不计各元件的电阻和导纳。

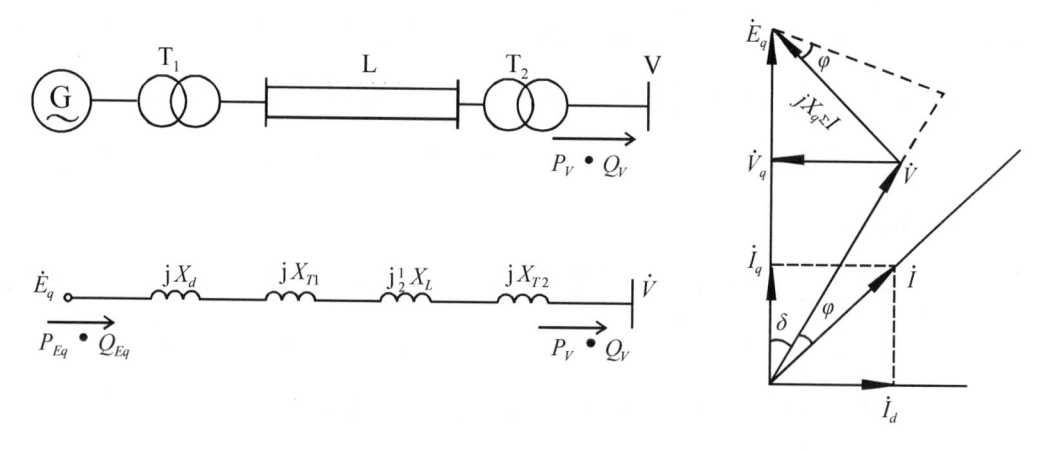

图 4-6　简单电力系统的等值电路及相量图

假设发电机至系统 d 轴和 q 轴总电抗分别为 $X_{d\Sigma}$ 和 $X_{q\Sigma}$,则隐极机和凸极机的功率分别为:

（1）隐极发电机功率的功率特性：发电机电势 E_q 点的功率为：

$$P_{Eq} = \frac{E_q U}{X_{d\Sigma}} \sin\delta$$

$$Q_{Eq} = \frac{E_q^2}{X_{d\Sigma}} - \frac{E_q V}{X_{d\Sigma}} \cos\delta$$

于是发电机输送到系统的功率为：

$$P_V = \frac{E_q V}{X_{d\Sigma}} \sin\delta$$

$$Q_V = \frac{E_q V}{X_{d\Sigma}} \cos\delta - \frac{V^2}{X_{d\Sigma}}$$

从以上公式可知，该简单电力系统的功率极限为：

$$P_{Eq.m} = \frac{E_q V}{X_{d\Sigma}}$$

（2）凸极发电机输送到系统的功率为：

$$P_{Eq} = \frac{E_q V}{X_{d\Sigma}} \sin\delta + \frac{V^2}{2} \times \frac{X_{d\Sigma} - X_{q\Sigma}}{X_{d\Sigma} X_{q\Sigma}} \sin2\delta$$

随着电力系统的发展和扩大，电力系统的稳定性问题更加突出，而提高电力系统稳定性和输送能力的最重要手段之一，是尽可能提高电力系统的功率极限。从上述公式可以看出，提高功率极限的方法有：（1）装设性能良好的励磁调节器以提高发电机电势；（2）增加并联运行线路回路数或串联电容补偿等手段以减少系统电抗；（3）受端系统维持较高的运行电压水平；（4）输电线采用中继同步调相机以稳定中继点电压。

于是本实验在相同的运行条件下测定输电线单回线和双回线运行时，功率极限值和达到功率极限的功角值，通过对比分析增加并联运行线路回路数对功率极限的影响；在相同条件下，改变励磁方式测定功率特性与功率极限，对比自动调节励磁与无调节励磁时的功率特性，分析励磁调节对功率极限的影响。

三、实验设备

表 4-5　电力系统功率特性和功率极限实验设备表

序号	型号	使用仪器名称	数量	备注
1	EAL-01	电源输出	1	
2	EAL-02/03	双回路输出电路	1	
3	QSTSXT-Ⅱ	微机调速系统	1	
4	QSLCXT-Ⅱ	微机励磁系统	1	
5	QSZTQ-Ⅱ	微机准同期系统	1	

四、注意事项

（1）实验开始前,需仔细阅读实验内容,严格按照实验步骤进行。

（2）操作规程:通电时,依次合上实验台上总电源开关、主电源源开关,空载合线路上的断路器;停电时,一定要先解列,再灭磁,然后停机,最后断开所有电源开关。

（3）在调节原动机转速时,原动机的转速不要超过 2200 转,若超过 2200 转时,则应立即关闭电源开关。

（4）在调节发电机励磁时,主控屏模拟表发动机的线电压不能超过 420 V,触摸屏相电压不能超过 240 V。

（5）在功率调节过程中,有功功率应缓慢调节,每次增加或者减少后,需等待一段时间,特别是在临界值附近,观察系统是否稳定,以取得准确的测量数值。

（6）在调节功率过程中一旦出现失步问题,应立即进行以下操作,使发电机恢复同步运行状态:操作微机调速装置上的"－"按钮,减小有功功率。

五、实验步骤

（1）检查实验台和控制柜的连接、电机和控制柜的连接等,确保连接正常。

（2）合上总电源开关,合上主电源源开关,输电线路选择 XL_1 和 XL_3（即闭合 QFS、QF_1、QF_3 和 QF_5）。调节三相调压器,主控屏系统电压表显示 300 V。

（3）打开 QSTSXT-Ⅱ（微机调速系统）、QSLCXT-Ⅱ（微机励磁系统）和 QSZTQ-Ⅱ（微机准同期系统）电源船型开关。

（4）进入 QSTSXT-Ⅱ（微机调速系统）中选择"本地控制"，如图 4-7（a）所示；在原动机控制方式界面选择"转速闭环"，如图 4-7（b）所示；在原动机恒转速控制模式界面中点击"转速设置"按钮，输入转速"1500"（1500 rad/min 为原动机的额定转速），点击"转速启动"按钮，等待原动机转速稳定，如图 4-7（c）所示。

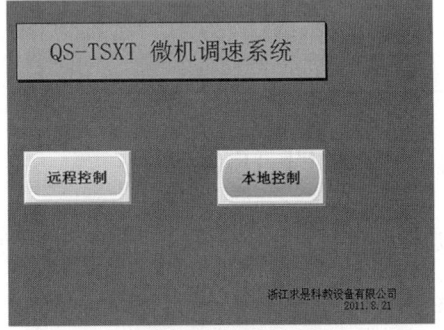

（a）微机调速系统界面

（b）原动机控制方式选择界面

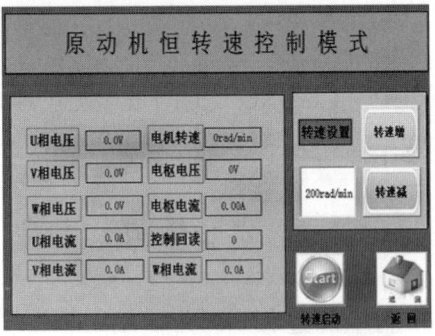

（c）原动机恒转速控制模式界面

图 4-7　微机调速系统操作图

(5)进入 QSLCXT-Ⅱ(微机励磁系统)中选择"本地控制",如图 4-8(a)所示;在他励模式下工作方式界面选择"恒 a 励磁",如图 4-8(b)所示;点击"a 启动"按钮,通过点击"增加"或"减少"按钮改变发电机的线电压为 300 V 左右(可以观察主控屏发电机电压表为 300 V 或在触摸屏内观察 U 相电压:170 V 左右、V 相电压:170 V 左右、C 相电压:170 V 左右,因为主控屏模拟表显示的为线电压,触摸屏屏内采集的为相电压),使发电机电压为 300 V 左右,如果电压达不到 300 V,可以点击"增加"或"减少"按钮,如图 4-8(c)所示。

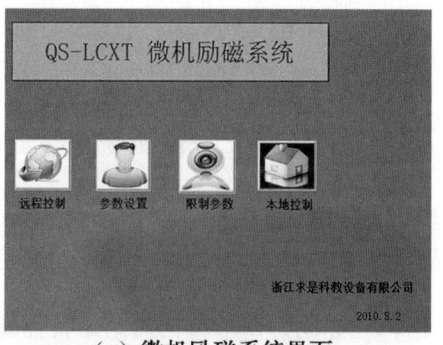

(a)微机励磁系统界面

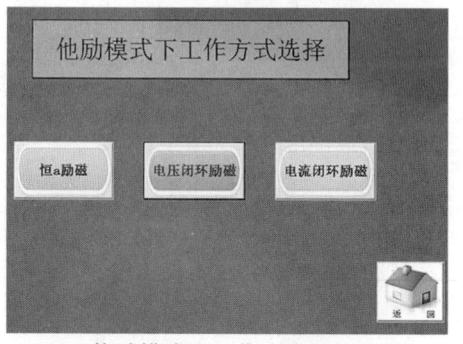

(b)他励模式下工作方式选择界面

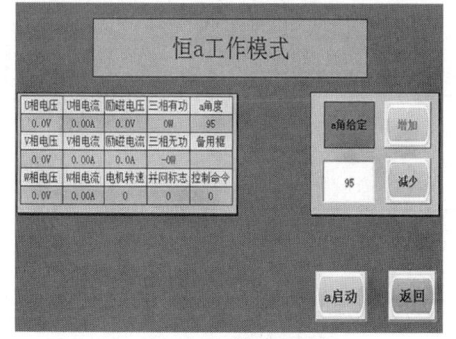

(c)恒a工作模式界面

图 4-8 微机励磁系统操作图

(6)进入 QSZTQ-Ⅱ（微机准同期系统）中选择"本地控制"，在并网控制方式选择"半自动并网"，在半自动并网控制界面中点击"启动"按钮，在这种情况下，要满足并列条件，需要手动调节发电机电压、频率，直至电压差、频差在允许范围内，相角差在0°前某一合适位置时，微机准同期装置控制自动控制合闸按钮进行合闸。"压差闭锁"和"频差闭锁"灯亮，表示压差、频差均满足条件，微机装置自动判断相差也满足条件时，发出合闸命令，合闸成功后，QFG绿灯亮。

(7)发电机与系统并网后，在调速系统中点击"有功增加"或"有功减少"按钮，调节发电机使其输出有功功率为0左右（功率可以在微机励磁系统的"功率显示"中查看）；在有功为0的情况下将微机调速装置的功角调为0（功角在微机准同期中读取）。逐步增加发电机输出的有功功率，观察并记录系统中运行参数的变化并填入表4-6中。功角可以通过微机准同期装置读取。

表 4-6　无励磁调节单回路功率特性表

$U_s = 300 \text{ V}; P/\text{kW}; Q/\text{kVar}; U/\text{V}$

δ（功角）	0°	10°	20°	30°	40°	50°	60°	70°
P（有功功率）								
Q（无功功率）								
U_L（励磁电压）								
I_L（励磁电流）								
I_a（A 相电流）								
I_b（B 相电流）								
I_c（C 相电流）								
U_s（系统电压）								
U_g（发电机电压）								

(8)把功率减到0左右，将单回线改为双回线，（闭合 QFS、QF₁、QF₃、QF₅、QF₂、QF₄ 合闸，红灯亮）逐步增加发电机输出的有功功率，观察并记录系统中运行参数的变化并填入表4-7中。功角可以通过微机准同期装置读取。

表 4-7　无励磁调节双回路功率特性表

$U_s = 300\ \text{V}; P:\text{kW}; Q:\text{kVar}; U:\text{V}$

δ（功角）	0°	10°	20°	30°	40°	50°	60°	70°
P（有功功率）								
Q（无功功率）								
U_L（励磁电压）								
I_L（励磁电流）								
I_a（A 相电流）								
I_b（B 相电流）								
I_c（C 相电流）								
U_s（系统电压）								
U_g（发电机电压）								

(9)进入 QSTSXT-Ⅱ（微机调速系统）点击"有功加"或"有功减"按钮把有功调整至 0 左右，进入 QSLCXT-Ⅱ（微机励磁系统）点击："增加"或者"减少"按钮把无功调整至 0 左右时，点击 QSZTQ-Ⅱ（微机准同期系统）的"解列"按钮，在 QSLCXT-Ⅱ（微机励磁系统）点击"灭磁"按钮。然后在 QSTSXT-Ⅱ（微机调速系统）点击"停机"按钮，最后关掉船型电压开关。

(10)打开 QSTSXT-Ⅱ（微机调速系统）、QSLCXT-Ⅱ（微机励磁系统）和 QSZTQ-Ⅱ（微机准同期系统）电源船型开关。

(11)进入 QSTSXT-Ⅱ（微机调速系统）中选择"本地控制"，如图 4-7(a)所示；在原动机控制方式界面选择"转速闭环"，如图 4-7(b)所示；在原动机恒转速控制模式界面中点击"转速设置"按钮，输入转速"1500"(1500 rad/min 为原动机的额定转速)，点击"转速启动"，等待原动机转速稳定，如图 4-7(c)所示。

(12)进入 QSLCXT-Ⅱ（微机励磁系统）中选择"本地控制"，如图 4-9(a)所示；在他励模式下工作方式界面选择"电压闭环励磁"，如图 4-9(b)所示；点击"恒 Ug 启动"按钮，通过点击"增加"或"减少"按钮改变发电机的线电压为 300 V 左右(可以观察主控屏发电机电压表为 300 V 或在触摸屏内观察 U 相电压：170 V 左右、V 相电压：170 V 左右、C 相电压：170 V 左右，因为主控屏模拟表显示的为线电压,触摸屏屏内采集的为相电压),使发电机电压为 300 V 左右,如果电压达不到 300 V,可以点击"增加"或"减少"按钮,如图 4-9(c)所示。

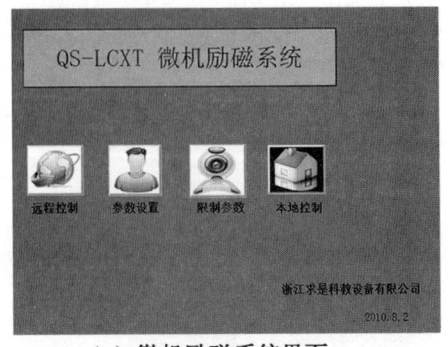

（a）微机励磁系统界面

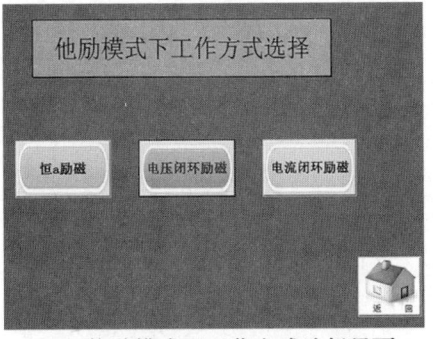

（b）他励模式下工作方式选择界面

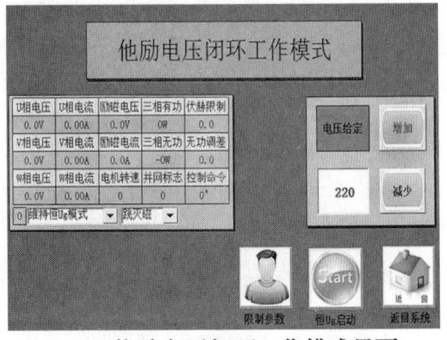

（c）他励电压闭环工作模式界面

图 4-9　微机励磁系统操作图

(13)进入 QSZTQ-Ⅱ（微机准同期系统）中选择"本地控制",在并网控制方式选择"半自动并网",在半自动并网控制界面中点击"启动"按钮,在这种情况下,要满足并列条件,需要手动调节发电机电压、频率,直至电压差、频差在允许范围内,相角差在 0°前某一合适位置时,微机准同期装置控制自动控制合闸按钮进行合闸。"压差闭锁"和"频差闭锁"灯亮,表示压差、频差均满足条件,微机装置自动判断相差也满足条件时,发出合闸命令,合闸成功后,QFG绿灯亮。

(14)发电机与系统并列后,在调速系统中点击"有功增加"或"有功减少"按钮,调节发电机使其输出有功功率为大概0左右(功率可以在微机励磁系统的"功率显示"中查看);有功为0的情况下将微机调速装置的功角调为0(功角在微机准同期中读取);逐步增加发电机输出的有功功率,观察并记录系统中运行参数的变化,填入表4-8中。功角可以通过微机准同期装置读取。

表 4-8　恒 U_g 励磁调节双回线功率特性表

$U_s = 300$ V;P/kW;Q/kVar;U/V

δ(功角)	0°	10°	20°	30°	40°	50°	60°	70°
P(有功功率)								
Q(无功功率)								
U_L(励磁电压)								
I_L(励磁电流)								
I_a(A 相电流)								
I_b(B 相电流)								
I_c(C 相电流)								
U_s(系统电压)								
U_g(发电机电压)								

(15)进入 QSTSXT-Ⅱ(微机调速系统)点击"有功加"或"有功减"按钮把有功调整至0左右,进入 QSLCXT-Ⅱ(微机励磁系统)点击"增加"或者"减少"按钮把无功调整至0左右时,点击 QSZTQ-Ⅱ(微机准同期系统)的"解列"按钮,在 QSLCXT-Ⅱ(微机励磁系统)点击"灭磁"按钮。然后在 QSTSXT-Ⅱ(微机调速系统)点击"停机"按钮,最后断开所有的电源开关。

六、实验报告

（1）根据实验数据，并作出各种运行方式下的 $U_{sw}(\delta)$，$P(\delta)$，$Q(\delta)$ 特性曲线，并加以分析。

（2）通过实验记录分析的结果对功率极限的原理进行阐述，同时将理论计算和实验记录进行对比，说明产生误差的原因。

（3）分析、比较各种运行方式下发电机的功-角特性曲线和功率极限各有什么特点？

（4）根据实验过程，分析功角指示器的工作原理。

（5）根据实验数据分析无功功率随有功增加而变化的原因。

（6）根据实验数据分析提高系统静态稳定性的措施有哪些？

（7）实验中，当发电机濒临失步时应采取哪些挽救措施才能避免电机失步？

第四节　电力系统暂态稳定实验

一、实验目的

(1)通过对单机-无穷大系统的暂态稳定性分析,掌握功角变化与系统是否稳定的关系。

(2)通过实验加深对电力系统暂态稳定内容的理解。

(3)通过实际操作,从实验中观察系统失步现象,并掌握正确处理的方法。

(4)了解提高暂态稳定的措施。

二、实验原理

电力系统暂态稳定问题是指电力系统受到较大的扰动之后,各发电机能否继续保持同步运行的问题。引起电力系统大扰动的原因主要有以下三种:

(1)负荷的突然变化,如投入或切除大容量的负荷;

(2)切除或投入系统的主要元件,如发电机、变压器等;

(3)发生短路故障。

其中短路故障的扰动最为严重,因此常以此作为检验系统是否具有暂态稳定的条件。以典型模型图 4-10 分析系统的暂态稳定性问题。采用典型模型时,不计电阻和并联导纳,其故障前、故障期间、故障切除后的等值电路如图 4-10 所示。故障期间的等值电路中的电抗 ΔX 为附加电抗。附加电抗与短路类型有关:三相短路时附加电抗 $\Delta X = 0$;两相短路时附加电抗 $\Delta X =$ 负序阻抗;单相短路时附加电抗 $\Delta X =$ 负序阻抗＋零序阻抗。

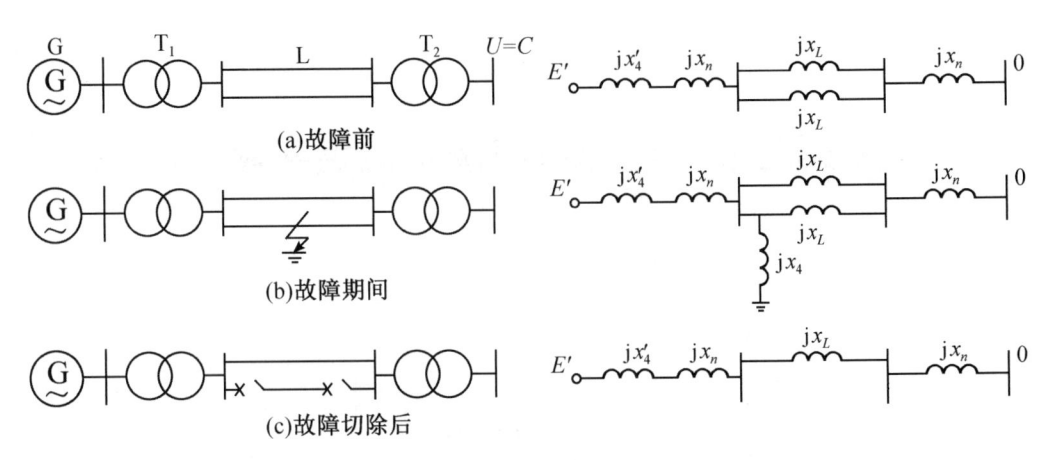

图 4-10　简单电力系统不同运行状态及其等值电路图

如图 4-10 所示,简单电力系统在输电线首端发生短路时,以其等值电路来分析其暂态稳定性如下:

（1）故障发生前,即正常运行时发电机功率特性为

$$P_{\mathrm{I}}=\frac{EU_{\mathrm{s}}}{X_{\mathrm{I}}}\sin\delta$$

式中:E——发电机电动势;

U_{s}——系统电压。

正常运行时,发电机和系统之间的电抗为

$$X_{\mathrm{I}}=X'_{\mathrm{d}}+X_{\mathrm{T_1}}+\frac{1}{2}X_{\mathrm{L}}+X_{\mathrm{T_2}}$$

（2）故障期间,短路运行时发电机功率特性为

$$P_{\mathrm{II}}=\frac{EU_{\mathrm{s}}}{X_{\mathrm{II}}}\sin\delta$$

故障期间,发电机和系统之间的电抗 X_{II} 为

$$X_{\mathrm{II}}=(X'_{\mathrm{d}}+X_{\mathrm{T_1}})+\left(\frac{1}{2}X_{\mathrm{L}}+X_{\mathrm{T_2}}\right)+\frac{(X'_{\mathrm{d}}+X_{\mathrm{T_1}})\left(\frac{1}{2}X_{\mathrm{L}}+X_{\mathrm{T_2}}\right)}{\Delta X}$$

（3）故障切除后,发电机功率特性为

$$P_{\mathrm{III}}=\frac{EU_{\mathrm{s}}}{X_{\mathrm{III}}}\sin\delta$$

故障期间发电机和系统之间的电抗 X_{III} 为

$$X_{\text{III}} = X'_{\text{d}} + X_{\text{T}_1} + X_{\text{L}} + X_{\text{T}_2}$$

根据上面三种类型状态可知,功率特性发生变化与阻抗和功角特性有关。而系统保持稳定条件是切除故障后 δ_C 小于最大摇摆角 $\delta_M = \delta_{\max}$,可用等面积法则确定功角曲线如图 4-11 所示中的极限切除角 δ_M。故障发生前系统稳定运行在如图 4-11 所示的 a 点(对应功角 δ_a);故障期间功角由 a 点到 b 点又到 c 点(对应功角 δ_C);故障切除后功角由 c 点到 e 点又到 f 点,$\delta_C < \delta_M$ 时,则回到 k 点稳定运行,系统稳定;$\delta_C > \delta_M$ 时,系统不稳定;$\delta_C = \delta_M$ 时,则为临界状态。

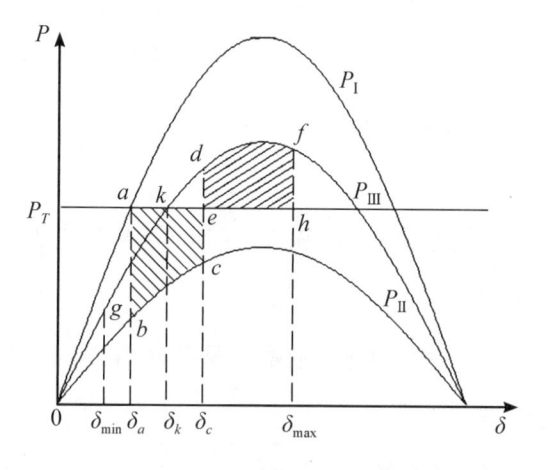

图 4-11　暂态稳定功率特性曲线

基于上述原理,在实验中设置不同短路状态,使发电机和系统之间的短路附加电抗不同,切除故障线路不同使得发电机和系统之间的电抗不同。设置 $\delta_{\max}$ 也不同,导致极限切除故障时间不同。在实验过程中,可以研究提高电力系统暂态稳定性的措施,如在短路发生后,要改变继电保护装置切除故障的时间,发电机可采用强励措施和采用重合闸等措施。

三、实验设备

表 4-9　电力系统暂态稳定实验设备表

序号	型号	使用仪器名称	数量	备注
1	EAL-01	电源输出	1	

序号	型号	使用仪器名称	数量	备注
2	EAL-02/03	双回路输出电路	1	
3	QSTSXT-Ⅱ	微机调速系统	1	
4	QSLCXT-Ⅱ	微机励磁系统	1	
5	QSZTQ-Ⅱ	微机准同期系统	1	

四、注意事项

(1)实验开始前,需仔细阅读实验内容,严格按照实验步骤进行。

(2)操作规程:通电时,依次合上实验台上总电源开关、主电源源开关,空载合线路上的断路器;停电时,一定要先解列,再灭磁,然后停机,最后断开所有电源开关。

(3)在调节原动机转速时,原动机的转速不要超过2200转,若超过2200转时,应立即关闭电源开关。

(4)在调节发电机励磁时,主控屏模拟表发动机的线电压不能超过420 V,触摸屏相电压不能超过240 V。

(5)用户可以自行确定系统初始运行条件,但为了实验的安全和可靠性,初始运行状态不宜超过半负荷,有多种短路和回路,可以自行选择。

(6)在调节功率过程中一旦出现失步问题,应立即进行以下操作,使发电机恢复同步运行状态:迅速退出短路故障,操作微机调速装置上的"一"减速按钮,减小有功功率;单回路切换成双回路。

五、实验步骤

(1)检查实验台和控制柜的连接、电机和控制柜的连接等,确保连接正常。

(2)合上总电源开关,合上主电源源开关,输电线路选择 XL_1 和 XL_3(即闭合 QFS、QF_1、QF_3 和 QF_5)。调节三相调压器,主控屏系统电压表显示300 V。

(3)打开 QSTSXT-Ⅱ(微机调速系统)、QSLCXT-Ⅱ(微机励磁系统)和QSZTQ-Ⅱ(微机准同期系统)电源船型开关。

（4）进入 QSTSXT-Ⅱ（微机调速系统）中选择"本地控制"，如图 4-12（a）所示；在原动机控制方式界面选择"转速闭环"，如图 4-12（b）所示；在原动机恒转速控制模式界面中点击"转速设置"按钮，输入转速"1500"（1500 rad/min 为原动机的额定转速），点击"转速启动"按钮，等待原动机转速稳定，如图 4-12（c）所示。

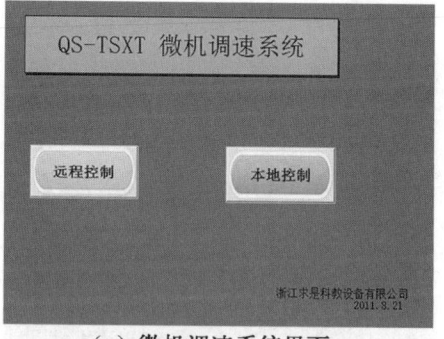

（a）微机调速系统界面

（b）原动机控制方式选择界面

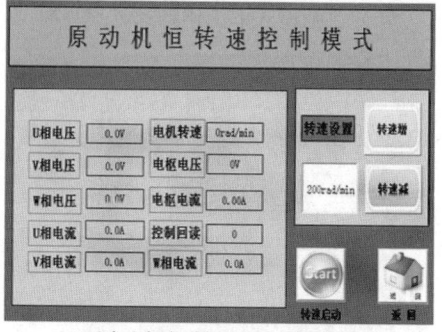

（c）原动机恒转速控制模式界面

图 4-12 微机调速系统操作图

（5）进入 QSLCXT-Ⅱ（微机励磁系统）中选择"本地控制"，如图 4-13（a）所示；在他励模式下工作方式界面选择"电流闭环励磁"，如图 4-13（b）所示；点击"闭环启动"按钮,通过点击"增加"或"减少"按钮,改变发电机的线电压为300 V 左右(可以观察主控屏发电机电压表为300 V 或在触摸屏内观察 U 相电压:170 V 左右、V 相电压:170 V 左右、C 相电压:170 V 左右,因为主控屏模拟表显示的为线电压,触摸屏屏内采集的为相电压),使发电机电压为300 V 左右,如果电压达不到300 V,可以点击"增加"或"减少"按钮,如图 4-13(c) 所示。

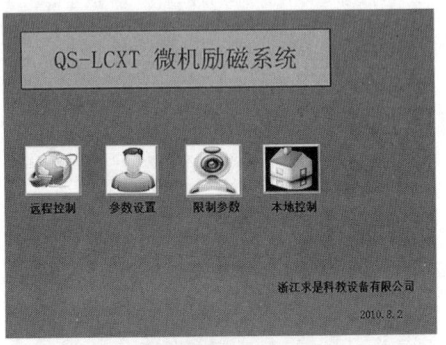

（a）微机励磁系统界面

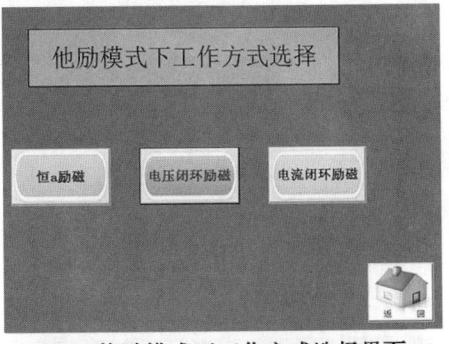

（b）他励模式下工作方式选择界面

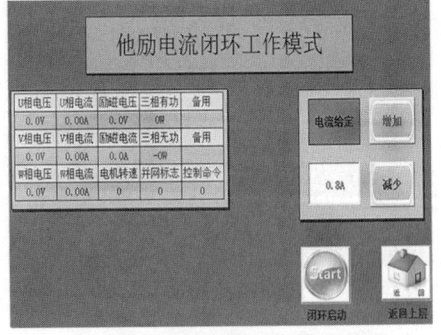

（c）他励电流闭环工作模式界面

图 4-13　微机励磁系统操作图

（6）进入 QSZTQ-Ⅱ（微机准同期系统）中选择"本地控制"，在并网控制方式界面选择"半自动并网"，在半自动并网控制界面中点击"启动"按钮，在这种情况下，要满足并列条件，需要手动调节发电机电压、频率，直至电压差、频差在允许范围内，相角差在 0°前某一合适位置时，微机准同期装置控制自动控制合闸按钮进行合闸。"压差闭锁"和"频差闭锁"灯亮，表示压差、频差均满足条件，微机装置自动判断相差也满足条件时，发出合闸命令，合闸成功后，QFG 绿灯亮。

（7）发电机与系统并网后，在调速系统中点击"有功增加"或"有功减少"按钮，调节发电机使其输出有功功率为 0 左右（功率在微机励磁系统的"功率显示"中可以查看）。

（8）短路故障设置及短路极限功率的测定：调节发电机使其输出的有功大概为 400 W，$\cos\varphi=1$ 左右时投入短路；点击"短路故障"按钮。

（9）操作故障设置按钮，按照表 4-10 内容依次设置短路类型，将短路持续时间设置为 5 s。点击"短路投入"按钮，使系统处于短路运行状态。如果发电机在短路时间内仍然能够保持稳定运行，则退出短路运行，通过调速系统增加有功出力，手动调节励磁电流使 $\cos\varphi=1$ 保持恒定，然后将短路持续时间重新设置（继电器清零），使短路再次投入运行。如此操作，直到出现发电机处于临界失步状态。记录此时的极限功率，退出"故障"按钮。

表 4-10　短路极限功率测定数据表

短路类型	P_{max}（kW）	最大短路电流（A）
单相接地短路		
两相接地短路		
三相短路		

注：短路故障设置时间为 $t=5$ s，$U_s=300$ V，双回路。

（10）研究提高暂态稳定的措施。

①快速切除故障对暂态稳定的影响。快熟切除故障在提高暂态稳定性方面起着首要的、决定性的作用，由于快速切除故障，减少了加速面积（图 4-11 中 $abcd$ 的面积），增大了减速面积（图 4-11 中 $edfh$ 的面积），提高了发电厂

之间并列运行的稳定性。另外,它可以使负载中的电动机端电压迅速回升,减少了电动机失速、停顿的危险,提高了负载的稳定性。

在固定短路类型和系统运行条件下,通过调速装置的增速,增加发电机向电网的出力,测定不同故障切除时间,以保持系统稳定时发电机所能输出的最大功率,并分析故障切除时间对暂态稳定的影响。

具体步骤如下:

A.进入 QSTSXT-Ⅱ(微机调速系统)点击"有功加"或"有功减"按钮把有功调整至 0 左右,进入 QSLCXT-Ⅱ(微机励磁系统)点击"增加"或者"减少"按钮把无功调整至 0 左右。设置微机调速器功角为 0。

B.微机线路保护装置的保护整定值按表 4-11 整定,极限切除时间值根据表 4-12 中短路类型和短路情况下发电机所能输出的最大功率依次测定。

C.调节微机调速系统的增速按钮,调出有功功率为短路类型对应的功率极限值。

D.点击"短路投入"按钮,使系统处于短路运行状态。此时微机保护装置经过整定延时后动作,跳开故障线路,观测系统的工作情况。如果发电机经几次摇摆后恢复了稳定,则适当加大微机保护的时间整定值,将短路持续时间设置清零,使短路故障再次投入。如此操作,直至故障线路切除后系统不能恢复稳定运行,则此时微机保护的时间整定值为极限切除时间(不计断路器的动作时间)。

表 4-11　微机线路保护装置的保护值整定值

整定值代码	整定值
电流 Ⅰ 段保护	投入
电流 Ⅰ 段电压、方向闭锁	退出
电流 Ⅰ 段电流定值	$2I_N$
电流 Ⅰ 段时间定值	设初值 1.2 s
加速保护	后加速
重合闸动作延时时间	在相重合闸时投入
重合闸投切	小于 3 s

表 4-12　短路故障设置时间为 $t=5\,s$

短路类型	极限切除时间 $t(s)$
单相接地短路	
两相接地短路	
三相短路	

②按相重合闸对暂态稳定性的影响。电力系统的短路故障特别是高压电力网的短路故障,绝大多数是单相短路故障,因此发生短路时,没有必要把三相导线都从电力网中切除,应该通过继电保护装置的自身选相判断,只切除故障相,按相并重合闸非故障相,它可以提高电力系统的暂态稳定(在表 4-11 中选定重合闸整定时间)。

对于瞬时性故障,微机保护装置切除故障线路后,经过一定时间延时将自动重合原线路,从而恢复全相供电,提高了故障切除后的功率特性曲线。对于永久性故障,一次重合闸后加速切除故障。实验步骤为:改变重合闸时间(将重合闸时间设置为小于 1 s)对暂态稳定的影响实验,观察极限切除时间是否增加。

(11)进入 QSTSXT-Ⅱ(微机调速系统)点击"有功加"或"有功减"按钮把有功调整至 0 左右,进入 QSLCXT-Ⅱ(微机励磁系统)点击"增加"或者"减少"按钮把无功调整至 0 左右时,点击 QSZTQ-Ⅱ(微机准同期系统)的"解列"按钮,在 QSLCXT-Ⅱ(微机励磁系统)点击"灭磁"按钮。然后在 QSTSXT-Ⅱ(微机调速系统)点击"停机"按钮,最后断开所有的电源开关。

六、实验报告

(1)整理不同短路类型下获得的实验数据,通过对比,对不同短路类型进行定性分析,详细说明不同短路类型和短路点对系统稳定性的影响。

(2)通过实验中观察到的现象,说明提高暂态稳定的措施有哪些,如何进行相关操作实现提高发电机的暂态功率极限。

(3)对失步处理的方法有哪些,理论根据是什么?

(4)发电机组失步后,会有什么严重后果?

(5)自动重合闸装置对系统暂态稳定的影响是什么?

第五节 电力系统无功调节特性实验

一、实验目的

(1)深入理解调差原理,掌握改变发电机电压调节特性斜率的方法。

(2)掌握多台机组在同一母线上并联运行时,无功功率分配与无功调节特性的关系。

(3)理解调差系数的涵义及其发电机外特性曲线。

二、实验原理

同步发电机的电压——无功功率的特性,称为无功功率调节特性,是指发电机端电压U_G随发电机输出无功功率Q(电流的无功分量I_G近似取负载电流的无功分量I_q)之间变化的特性。具体电压调节原理如图4-14、图4-15所示,即通过调节发电机励磁电流I_L来调节发电机电动势E_G,同时可以改变发电机无功电流I_G,从而调节发电机端电压U_G和变压器高压电压U_T。调节发电机励磁电流I_L来调节发电机的端电压U_G(近似取U)对应的调节特性曲线如图4-16所示。

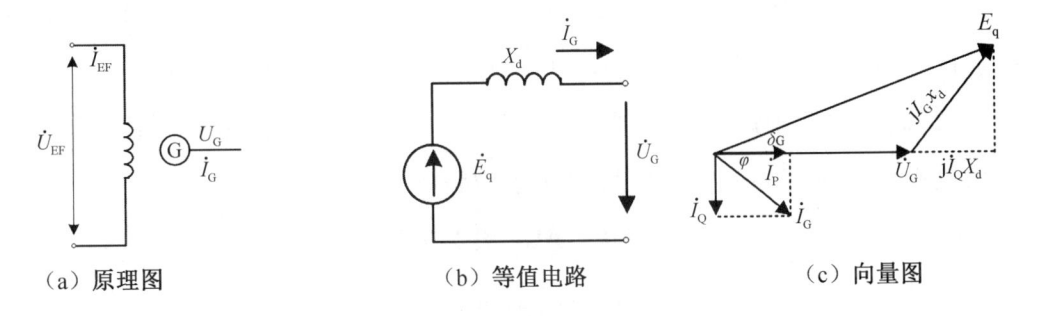

(a)原理图 (b)等值电路 (c)向量图

图4-14 发电机稳定运行图

根据图 4-14(c)中向量关系,可以得出

$$\dot{E}_q = \dot{U}_G + j\,\dot{I}_G X_d \approx \dot{U}_G + j\,\dot{I}_q X_d$$

发电机经变压器和输电线路并入电力系统后的原理图如图 4-15 所示。

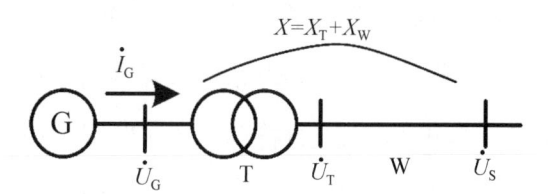

图 4-15　发电机并入电力系统的原理图

发电机电压 U_G 与系统电压 U_s 的关系为

$$\dot{U}_G \approx \dot{U}_s + j\,\dot{I}_q X$$

发电机电压 U_G 与变压器高压侧电压 U_T 的关系为

$$\dot{U}_G \approx \dot{U}_T + j\,\dot{I}_q X_T$$

在发电机空载电势 E_q 恒定的情况下,发电机端电压 U_G 会随负荷电流 I_q 的加大而降低,为保证端电压 U_G 恒定,必须随发电机负荷电流 I_G 的增加(或减小),增加(或减小)发电机的空载电势 E_q,而 E_q 是发电机励磁电流 I_f 的函数(若不考虑饱和,E_q 和 I_f 成正比),故在发电机运行中,随着发电机负荷电流的变化,必须调节励磁电流使发电机端电压恒定。

为了改变发电机电压、无功功率特性曲线(或改变发电机调节特性曲线的斜率),使并列运行的各台机组之间合理分配无功负载,或者为了维持系统某一点电压恒定,在负载变化时对电力网电压损耗进行补偿,因而设置了无功调差电路。常用的电流调差电路有两种:一是取两相电流信号;二是取单相电流信号。因为发电机输出端电压主要与负载电流的无功分量有关,参考图 4-15 和 U_G 与系统电压 U_s 的关系,故引入的电流信号滞后于相应的电压信号 90°。

电流调差电路的工作原理:主要是利用电流信号在调差电阻 R 上的压降,迭加到测量电压信号上去,从而使发电机的外特性陡度发生变化。当上述压降叠加使外特性陡度向右下方向倾斜时,为正调差特性,如图 4-16 曲线 3 所示,对应表现为负载无功电流增加时 X_T 不变,I_q 增加,Q 增加,电压 U(指变

压器电压或系统电压)下降(相当于增加发电机的无功输出使发电机端电压下降),改变正调差系数(即直线倾斜度或斜率),可使并列运行机组之间按合理比例稳定地分配无功负荷;如果将中间电流互感器 ZTA 的极性反接,则使外特性陡度向右上方倾斜,为负调差特性,如图 4-16 曲线 4 所示,表现为负载无功电流增加时,端电压上升,适用于电力系统要求某点电压恒定、在负荷增加时需要补偿线路和变压器电压损耗的特殊场合;当调差电阻经切换开关短接时,调差电路基本不起作用,为自然调差,如图 4-16 曲线 2 所示。

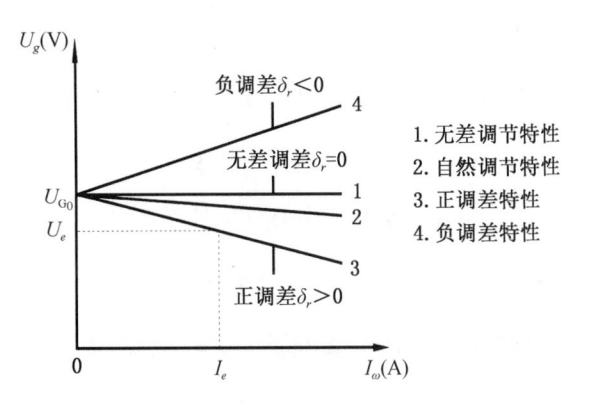

图 4-16　发电机调节特性曲线

根据上述原理在微机励磁调节器中使用的调差公式为(按标幺值计算)

$$U_B = U_{g0} - K_Q Q \text{（其中 } U \text{ 为调节后的电压）}$$

U_g 为给定电压,相当于 $U_0 = U_{G0}$ 等效于发电机空载电压。K_Q 为无功的调差系数反映的是发电机电压与无功电流(无功功率)的关系,即

$$K_Q = \frac{U_{G0} - U_{G2}}{U_{GN}}$$

式中:U_{GN}——发电机额定电压;

　　U_{G0}——发电机空载电压(发电机无功电流 $I_{QG} = 0$ 时的电压);

　　U_{G2}——发电机带额定无功负载时的电压(发电机额定无功电流,负载参数 X_T 不变)。

由此可见,调差系数 K_Q 表示无功电流由 0 递增到额定值时,发电机端电压的相对变化。调差系数越小,无功电流变化时发电机端电压变化越小,所以调差系数表征了励磁调节系统维持发电机端电压的能力。$K_Q = 0$ 时,则 $U_0 = U_{G2}$,为零调差;$K_Q = 5\%$ 时,则 $U_0 > U_{G2}$,为正调差;$K_Q = -5\%$ 时,则 $U_0 < U_{G2}$,为负调差。

三、实验设备

表 4-13　电力系统无功调节特性实验设备表

序号	型号	使用仪器名称	数量	备注
1	EAL-01	电源输出	1	
2	EAL-02/03	双回路输出电路	1	
3	QSTSXT-Ⅱ	微机调速系统	1	
4	QSLCXT-Ⅱ	微机励磁系统	1	
5	QSZTQ-Ⅱ	微机准同期系统	1	

四、注意事项

(1)实验开始前,需仔细阅读实验内容,严格按照实验步骤进行。

(2)操作规程:通电时,依次合上实验台上总电源开关、主电源源开关,空载合线路上的断路器;停电时,一定要先解列,再灭磁,然后停机,最后断开所有电源开关。

五、实验步骤

(1)检查实验台和控制柜的连接、电机和控制柜的连接等,确保连接正常。

(2)合上总电源开关,合上主电源源开关,输电线路选择 XL_1 和 XL_3(即闭合 QFS、QF_1、QF_3 和 QF_5)。调节三相调压器,主控屏系统电压表显示 380 V。

(3)打开 QSTSXT-Ⅱ(微机调速系统)、QSLCXT-Ⅱ(微机励磁系统)和 QSZTQ-Ⅱ(微机准同期系统)电源船型开关。

(4)进入 QSTSXT-Ⅱ(微机调速系统)中选择"本地控制",如图 4-17(a)所示；在原动机控制方式界面选择"自动并网"，如图 4-17（b）所示；进入自动并网界面，如图 4-17（c）所示。

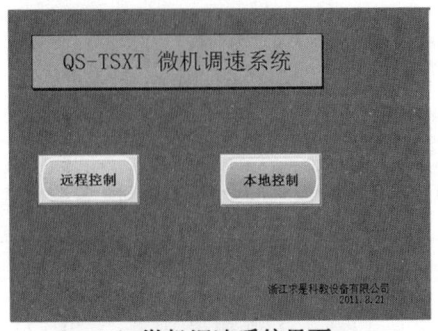

（a）微机调速系统界面

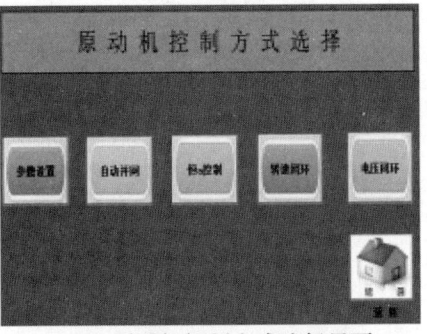

（b）原动机控制方式选择界面

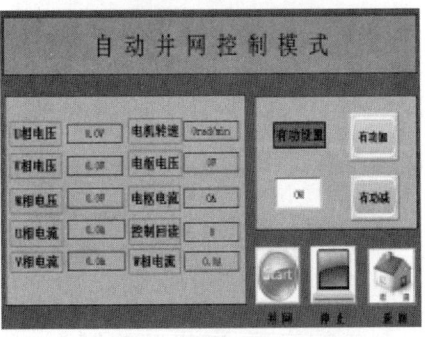

（c）自动并网控制模式界面

图 4-17 微机调速系统操作图

（5）进入 QSLCXT-Ⅱ（微机励磁系统）中选择"本地控制"，如图 4-18（a）所示；在励磁方式界面选择"自动并网模式"，如图 4-18（b）所示；进入自动并网工作模式界面，如图 4-18（c）所示。

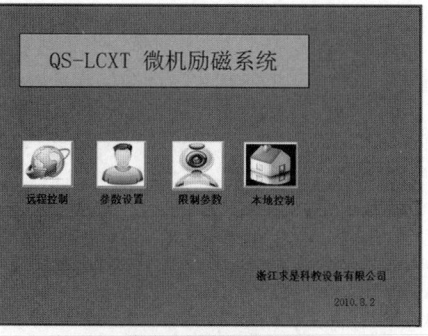

（a）微机励磁系统界面

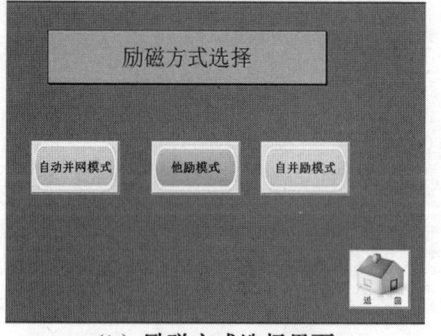

（b）励磁方式选择界面

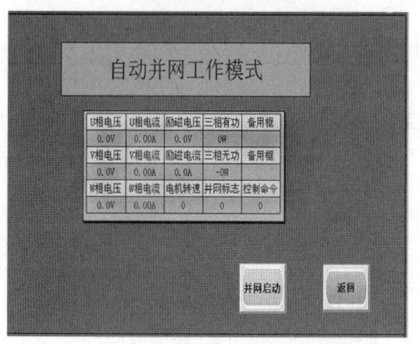

（c）自动并网工作模式界面

图 4-18　微机励磁系统操作图

（6）进入 QSZTQ-Ⅱ（微机准同期系统）中选择"本地控制"，在并网控制
方式界面选择"自动并网"。

（7）点击 QSTSXT-Ⅱ（微机调速系统）和 QSLCXT-Ⅱ（微机励磁系统）中
的"并网"按钮，在 QSZTQ-Ⅱ（微机准同期系统）中勾上复选框，然后点击"并
网"按钮。

（8）正调差实验：保持系统电压为 380 V，进入 QSLCXT-Ⅱ（微机励磁系

统)"限制参数设置"界面,改变"工作系数"为"＋5",如图 4-19 所示。降低系统电压来增加发电机无功输出,可通过调节 15 kV·A 自耦调压器来降低系统电压,分别降到 380 V,360 V,340 V,300 V,记录 U_g 和 Q 的数值到表 4-14内,并在图 4-20 内作出调节特性曲线。

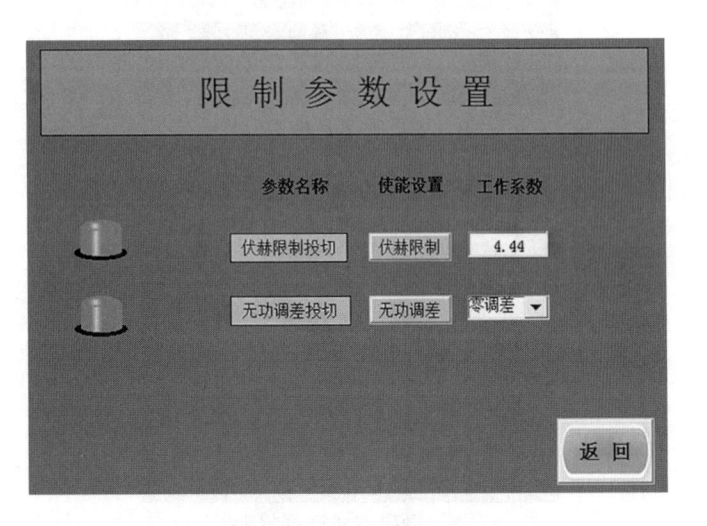

图 4-19 调差系数设置页面

(9)负调差实验:把系统电压调回 380 V,进入 QSLCXT-Ⅱ(微机励磁系统)"限制参数设置"界面,改变"工作系数"为"－5"(先输入数据,后输入符号)降低系统电压来增加发电机无功输出。可通过调节 15 kV·A 自耦调压器来降低系统电压,分别降到 380 V,360 V,340 V,300 V,记录 U_g 和 Q 的数值到表 4-14 内,并在图 4-20 内作出调节特性曲线。

表 4-14 发电机输出电压与无功功率的变化关系

$K=0$		$K=+5\%$		$K=-5\%$	
$U_g(V)$	$Q(kVar)$	$U_g(V)$	$Q(kVar)$	$U_g(V)$	$Q(kVar)$

图 4-20　发电机调节特性曲线绘制

（10）把系统电压调回 380 V，进入 QSTSXT-Ⅱ（微机调速系统）点击"有功加"或"有功减"按钮，把有功调整至 0 左右，进入 QSLCXT-Ⅱ（微机励磁系统）点击"增加"或者"减少"按钮，把无功调整至 0 左右时，点击 QSZTQ-Ⅱ（微机准同期系统）的"解列"按钮，在 QSLCXT-Ⅱ（微机励磁系统）点击"灭磁"按钮。然后在 QSTSXT-Ⅱ（微机调速系统）点击"停机"按钮，最后断开所有的电源开关。

六、实验报告

（1）在同一坐标系下绘制各调差特性曲线。

（2）分析具有负调差特性的发电机能否在发电机电压母线上并联运行。

（3）分析在公共母线上并联运行的多台发电机组中，不允许有两台或两台以上机组具有无差特性，否则无功功率将无法得到合理的分配。但两台具有无差特性的发电机组，如果经过一定的阻抗，再行并联，则是允许的。

（4）为什么说降低系统电压的方法可以增加发电机无功输出？

（5）正调差调节特性曲线与其他调差特性曲线有什么区别？

第五章　电力系统分析课程设计

　　课程设计要求学生初步掌握工程设计的程序和方法,能在设计过程中将所学的课堂知识融会贯通。在设计过程中,通过独立设计一个工程技术课题,提高学生的综合知识应用能力。为了充分体现电力系统分析的三大计算(潮流计算、短路计算、稳定计算),本章结合计算机技术,特选择3种类型的题目,按其不同要求分别对电力系统稳态、暂态进行分析与计算,培养学生的创新能力和新知识的应用能力。

　　基于上述原则,本章主要介绍基于 Matlab 的电力系统潮流分析、对称故障分析、暂态稳定性分析,也可重新组合设计类型,以满足不同的设计要求。

第一节 基于 Matlab 的电力系统潮流分析

电力系统的潮流计算是电力系统分析基本计算的核心部分之一。它既有自身的独立意义,又是电力系统规划设计、运行和研究的理论基础,因此该类型的课程设计具有重要的意义。

一、基础资料

图 5-1 所示的电力网中,各支路阻抗和对地导纳的标幺值见表 5-1。图中共有 5 个节点,其中 1、2、3 为 PQ 节点,4 为 PV 节点,5 为平衡节点。各节点的已知量见表 5-2。分别用牛顿-拉夫逊法和 P-Q 分解法计算潮流。

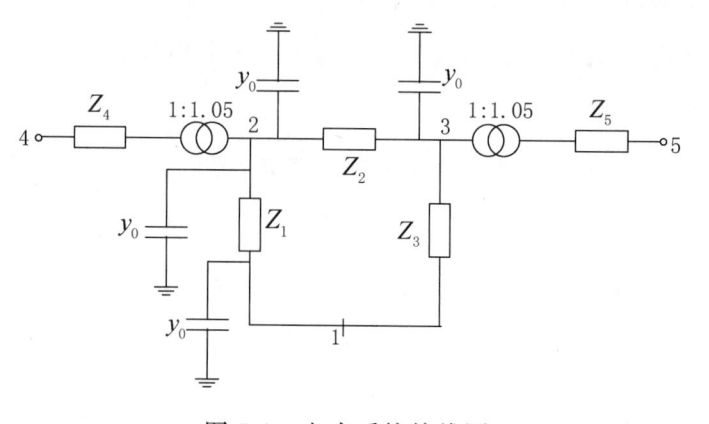

图 5-1 电力系统接线图

表 5-1 各支路阻抗和导纳

Z_1	Z_2	Z_3	Z_4	Z_5	y_0
0.04+j0.25	0.08+j0.30	0.1+j0.35	j0.015	j0.03	j0.25

表 5-2　各节点的已知量

PQ 节点			PV 节点	平衡节点
1	2	3	4	5
$P=-1.6$	$P=-2$	$P=-3.7$	$P=5$	$U_5=1.05$
$Q=-0.8$	$Q=-1$	$Q=-1.3$	$U_4=1.05$	$\delta_5=0$

二、设计理论依据

潮流计算是根据给定的电力系统运行条件求得表征其运行状态的状态变量的计算过程。给定的条件包括电力网络的接线及其参数、节点类型及其参数。对于 n 个独立节点的电力系统,若将节点电压用极坐标表示,即令 $V_i^\& = V_i\angle\delta_i$,则其功率方程为

$$\begin{cases} P_i=V_i\sum_{j\in i}V_j(G_{ij}\cos\delta_{ij}+B_{ij}\sin\delta_{ij}) & i=1,2,\cdots,n \\ Q_i=V_i\sum_{j\in i}V_j(G_{ij}\sin\delta_{ij}+B_{ij}\cos\delta_{ij}) & i=1,2,\cdots,n \end{cases} \tag{5-1}$$

式中 P_i、Q_i 分别为节点 i 的注入有功功率和无功功率;G_{ij}、B_{ij} 分别为节点 i 和 j 之间支路互导纳的实部和虚部;V_i 为节点 i 的电压幅值;δ_{ij} 为节点 i 与节点 j 之间的电压相角差。

求解潮流的关键是求解形如式(5-1)所示的非线性方程组。目前常见的求解非线性方程组的数值算法是牛顿-拉夫逊法。假定节点 i 的给定功率为 P_i 和 Q_i,对其中每一个节点的 N-R 法表达式 $F(x)=0$ 形式列有下列方程

$$\begin{cases} \Delta P_i=P_i-V_i\sum_{j\in i}V_j(G_{ij}\cos\delta_{ij}+B_{ij}\sin\delta_{ij}) & i=1,2,\cdots,n \\ \Delta Q_i=Q_i-V_i\sum_{j\in i}V_j(G_{ij}\sin\delta_{ij}+B_{ij}\cos\delta_{ij}) & i=1,2,\cdots,n \end{cases} \tag{5-2}$$

若各节点的电压相量 $V_i^\&$ 和输入功率(P_i、Q_i)均为真值时,则有 $\Delta P_i=0$ 和 $\Delta Q_i=0$,若各节点的电压相量 $V_i^\&$ 为待求量的假设初值时,输入功率(P_i、Q_i)为真值时,则有 $\Delta P_i\neq0$ 和 $\Delta Q_i\neq0$。需要采用牛顿-拉夫逊法求解修正方程,使得假设初值逐渐逼近真值。

根据电力系统实时运行时给定的条件,可以把节点分成三类,各类节点的已知值和待求量不同,所以在进行潮流计算时还要根据节点的类型进行具体

分析。设电力系统有 n 个独立节点,其中一个平衡节点,编号为 n,有 m 个 PQ 节点,编号为 $1,2,\cdots,m$,剩下全为 PV 节点,编号为:$m+1,m+2,\cdots,n-1$。则有

(1)对于 m 个 PQ 节点,$P_1,P_2,\cdots,P_m$ 和 $Q_1,Q_2,\cdots,Q_m$ 是已知的,待求量为 $V_1,V_2,\cdots,V_m$ 和 $\delta_1,\delta_2,\cdots,\delta_m$,共 $2m$ 个。

(2)对 $n-m-1$ 个 PV 节点,$P_{m+1},P_{m+2},\cdots,P_{n-1}$ 和 $V_{m+1},V_{m+2},\cdots,V_{n-1}$ 是已知的,待求量为 $\delta_{m+1},\delta_{m+2},\cdots,\delta_{n-1}$,共 $n-m-1$ 个。

(3)V_n,δ_n 是已知的。

所以电力系统的总计待求量为 $n+m-1$ 个,式(5-2)用泰勒级数展开并忽略高次项,得到 $n+m-1$ 个修正方程式:

$$
\begin{cases}
\Delta P_i = -\sum\limits_{j=i}^{n-1}\dfrac{\partial P_i}{\partial \delta_j}\Delta\delta_j - \sum\limits_{j=i}^{m}\dfrac{\partial P_i}{\partial U_j}\Delta U_j \quad i=1,2,\cdots,n-1 \\[2mm]
\Delta Q_i = -\sum\limits_{j=i}^{n-1}\dfrac{\partial P_i}{\partial \delta_j}\Delta\delta_j - \sum\limits_{j=i}^{m}\dfrac{\partial P_i}{\partial U_j}\Delta U_j \quad i=1,2,\cdots,m
\end{cases}
\tag{5-3}
$$

可以通过牛顿-拉夫逊的迭代法进行求解,得到其修正值。

修正方程组(5-3)可以用矩阵表示为

$$
\begin{bmatrix}
\Delta P_1 \\
M \\
\Delta P_{n-1} \\
\Delta Q_1 \\
M \\
\Delta Q_m
\end{bmatrix}
= -
\begin{bmatrix}
H_{1,1} & L & H_{I,n-1} & N_{1,1} & L & N_{1,m} \\
M & M & M & M & M & M \\
H_{n-1,1} & L & H_{n-1,n-1} & N_{n-1,1} & L & H_{n-1,m} \\
K_{1,1} & L & K_{1,n-1} & L_{1,1} & L & L_{1,m} \\
M & M & M & M & M & M \\
K_{m,1} & L & K_{m,n-1} & L_{m,1} & L & L_{m,m}
\end{bmatrix}
\begin{bmatrix}
\Delta\delta_1 \\
M \\
\Delta\delta_{n-1} \\
\Delta U_1/U_1 \\
M \\
\Delta U_m/U_m
\end{bmatrix}
$$

$$\tag{5-4}$$

式中矩阵元素分别为

$$
H_{ij}=\frac{\partial \Delta P_i}{\partial \delta_j}=-U_iU_j(G_{ij}\sin(\delta_i-\delta_j)-b_{ij}\cos(\delta_i-\delta_j)),(i\neq j) \tag{5-5}
$$

$$
H_{ij}=\frac{\partial \Delta P_i}{\partial \delta_i}=-U_i\sum\limits_{j=1\,j\neq i}^{n}U_j(-G_{ij}\sin(\delta_i-\delta_j)+B_{ij}\cos(\delta_i-\delta_j)) \tag{5-6}
$$

$$
N_{ij}=U_i\frac{\partial \Delta P_i}{\partial U_j}=-U_iU_j(G_{ij}\cos(\delta_i-\delta_j)+B_{ij}\sin(\delta_i-\delta_j)),(i\neq j) \tag{5-7}
$$

$$N_{ij}=U_i\frac{\partial\Delta P_i}{\partial U_j}=-U_i\sum_{j=1\,j\neq i}^{n}U_j(G_{ij}\cos(\delta_i-\delta_j)+B_{ij}\sin(\delta_i-\delta_j))-2U_i^2G_{ii}$$

$$(5\text{-}8)$$

$$K_{ij}=\frac{\partial\Delta Q_i}{\partial\delta_j}=U_iU_j(G_{ij}\cos(\delta_i-\delta_j)+B_{ij}\sin(\delta_i-\delta_j)),(i\neq j)\qquad(5\text{-}9)$$

$$K_{ij}=U_i^2G_{ii}-P_i\qquad(5\text{-}10)$$

$$L_{ij}=U_i\frac{\partial\Delta Q_i}{\partial\delta_j}=-U_iU_j(G_{ij}\cos(\delta_i-\delta_j)+B_{ij}\sin(\delta_i-\delta_j)),(i\neq j)\quad(5\text{-}11)$$

$$L_{ij}=U_i\frac{\partial\Delta Q_i}{\partial U_i}=U_i^2B_{ij}-Q_i\qquad(5\text{-}12)$$

三、设计基本步骤

有了修正方程组及其系数表达式后,用牛顿-拉夫逊法进行电力系统潮流计算的步骤如下:

(1)对给定的电力系统进行建模,画出归算到某一电压等级的等效电路。

(2)对等效电路求出导纳矩阵。

(3)设定各节点的初值,由于电力系统中电压及其相角应该都在额定电压及其额定相角附近,所以一般假设其初值为 $V_1^{(0)}=V_2^{(0)}=\cdots=V_m^{(0)}=1,\delta_1^{(0)}=\delta_2^{(0)}=\cdots=\delta_{n-1}^{(0)}=0$。

(4)根据式(5-2)求 $\Delta P^{(0)},\Delta Q^{(0)}$。

(5)将设定的初值和已知值代入式(5-5)～式(5-12),求出雅可比矩阵 $\boldsymbol{J}^{(0)}$。

(6)解修正方程 $\begin{bmatrix}\Delta\delta\\\Delta U/U\end{bmatrix}=-\begin{bmatrix}H&N\\K&L\end{bmatrix}^{-1}\begin{bmatrix}\Delta P\\\Delta Q\end{bmatrix}$,求 $\Delta\delta^{(0)},\Delta U^{(0)}$。

(7)修正各节点电压:$\delta^{(1)}=\delta^{(0)}+\Delta\delta^{(0)},U^{(1)}=U^{(0)}+\Delta U^{(0)}$。

(8)校验是否收敛,判断 $|\max\{\Delta\delta_1,\Delta\delta_2,\cdots,\Delta\delta_{n-1}\}|<\varepsilon,|\max\{\Delta U_1,\Delta U_2,\cdots,\Delta U_m\}|<\varepsilon$ 是否成立。若不成立,令 $\delta^{(0)}=\delta^{(1)},U^{(0)}=U^{(1)}$,返回到步骤5继续迭代,若收敛,到步骤9。

(9)求出平衡点注入的有功功率 P_n 和无功功率 Q_n,并求出 PV 节点所需要注入的无功功率。

牛顿-拉夫逊法潮流计算的计算机流程如图 5-2 所示。

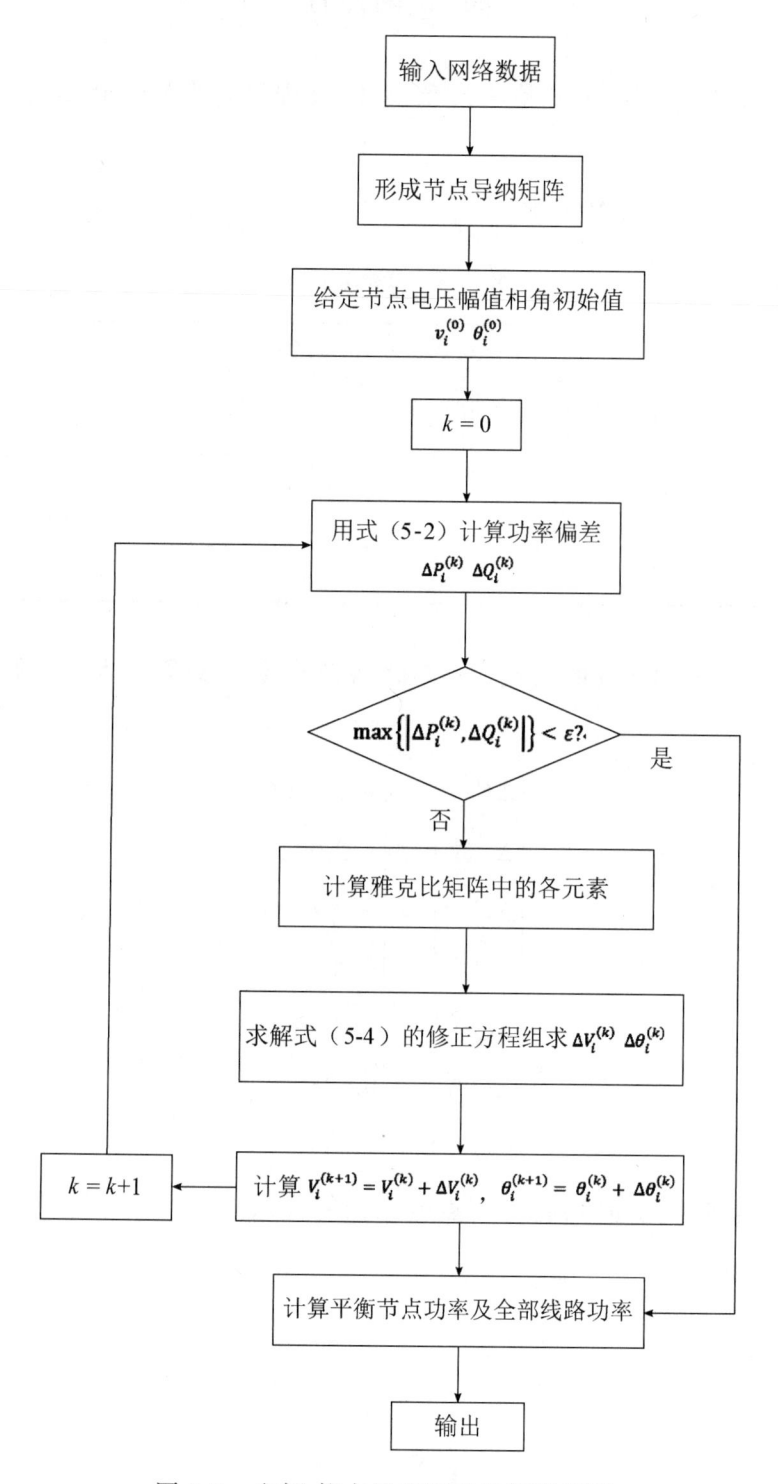

图 5-2　牛顿-拉夫逊法潮流计算流程图

四、示例计算

按图 5-2 的牛顿-拉夫逊法潮流计算流程图,用 Matlab 编程求解,程序略。

(1)求出导纳矩阵 Y 见表 5-3。

表 5-3 导纳矩阵 Y

$1.3787-j6.2917$	$-0.62402+j3.9002$	$-0.75472+j2.6415$	0	0
$-0.62402+j3.9002$	$1.4539-j66.981$	$-0.82988+j3.112$	$j63.492$	0
$-0.75472+j2.6415$	$-0.82988+j3.112$	$1.5846-j35.738$	0	$j31.749$
0	$j63.492$	0	$-j66.667$	0
0	0	$j31.749$	0	$-j33.333$

(2)求解不平衡量:根据式(5-3),将各节点电压初值代入,可求出首次迭代时有

$$\begin{bmatrix} \Delta P_1^{(0)} \\ \Delta P_2^{(0)} \\ \Delta P_3^{(0)} \\ \Delta P_4^{(0)} \\ \Delta Q_1^{(0)} \\ \Delta Q_2^{(0)} \\ \Delta Q_3^{(0)} \end{bmatrix} = \begin{bmatrix} -1.6000 \\ -2.000 \\ -3.7000 \\ 5.0000 \\ -0.5500 \\ 5.6980 \\ 2.0490 \end{bmatrix}$$

(3)求解雅可比矩阵:将各节点电压初值代入式(5-5)~(5-12),求出首次迭代的雅可比矩阵为

$$\boldsymbol{J}^{(0)} = \begin{bmatrix} -6.5417 & 3.9002 & 2.6415 & 0 & 0.2213 & 0.6240 & 0.7547 \\ 3.9002 & -73.6789 & 3.1120 & 66.6667 & 0.6240 & 0.5461 & 0.8299 \\ 2.6415 & 3.1120 & -39.0869 & 0 & 0.7547 & 0.8299 & 2.1154 \\ 0 & 66.6667 & 0 & -66.6667 & 0 & 0 & 0 \\ 2.9787 & -0.6240 & -0.7547 & 0 & -5.4917 & 3.9002 & 2.6415 \\ -0.6240 & 3.4539 & -0.8299 & 0 & 3.9002 & -65.9808 & 3.1120 \\ -0.7547 & -0.8299 & 5.2846 & 0 & 2.6415 & 3.1120 & -34.4379 \end{bmatrix}$$

（4）解修正方程组求各节点电压的修正量：用 Matlab 中现有的求逆矩阵求解修正方程组(5-4)，就可以求出节点电压的大小和相位角，若取迭代精度 $\varepsilon = 10^{-4}$，需要迭代 4 次，迭代过程中各节点电压和功率误差变化如表 5-4 和表 5-5 所示。

表 5-4　迭代过程中各节点电压变化情况

迭代次数	δ_1(rad)	δ_2(rad)	δ_3(rad)	δ_4(rad)	U_1	U_2	U_3
1	-0.0138	0.4036	-0.0595	0.4786	0.9540	1.1079	1.0472
2	-0.0765	0.3173	-0.0740	0.3870	0.8674	1.0783	1.0371
3	-0.0834	0.3116	-0.0747	0.3812	0.8622	1.0779	1.0364
4	-0.0834	0.3116	-0.0747	0.3812	0.8622	1.0779	1.0364

表 5-5　迭代过程中各节点功率误差变化情况

迭代次数	ΔP_1	ΔP_2	ΔP_3	ΔP_4	ΔQ_1	ΔQ_2	ΔQ_3
1	-1.6000	-2.0000	-3.7000	5.0000	-0.5500	5.6980	2.0490
2	0.0518	-0.0701	0.0139	-0.5342	-0.3547	-1.8648	-0.2432
3	-0.0136	-0.0105	0.0092	-0.0102	-0.0142	-0.0087	-0.0219
4	0.00008	0.00002	-0.0747	0.00000	0.00002	0.00002	-0.00012

（5）求平衡节点功率：由求出的节点电压值（即第四次迭代时的电压值）代入式(5-1)，可以求出平衡节点的输入功率为 $P_n = 2.5794$，$Q_n = 2.2994$。

五、结论

在该设计课题中，以迭代法思想和牛顿-拉夫逊法为基础，通过建立 Y 矩阵、雅可比矩阵、逆矩阵等,运用 Matlab 编程计算分析,从而实现对复杂网络的潮流计算。本设计采用的方法简单易懂,适用于任何实际网络。

运用计算机进行潮流计算,需要建立电力网络以导纳型节点方程表示的数学模型,将节点注入电流用功率和电压表示。在求解之前,根据系统的实际运行条件将节点分为 PQ 节点、PV 节点、平衡节点,其中平衡节点只能设一个,引入一定解条件后,便得到潮流计算的一组非线性方程组。

通过表 5-5 可以看出,每经过一次迭代,各节点的功率误差逐渐变小,直到最后一次迭代时接近于 0。表 5-4 中第 4 次迭代的电压幅值与相角即最终的潮流计算结果。

第二节　三相短路起始暂态电流的计算机算法

电力系统发生三相短路故障造成的危害性是最大的。对短路故障分析能够为电力系统的规划设计、安全运行、设备选择、继电保护等提供重要依据。

一、基础资料

图 5-3 所示的电力系统，其中 G 为发电机，M 为电动机，负载 6 为由各种电动机组合而成的综合负荷，设在节点 4 发生三相短路故障。现作近似计算，设短路故障前各节点电压等于其额定平均值，求短路点的次暂态电流和三相短路瞬间各节点的电压值。

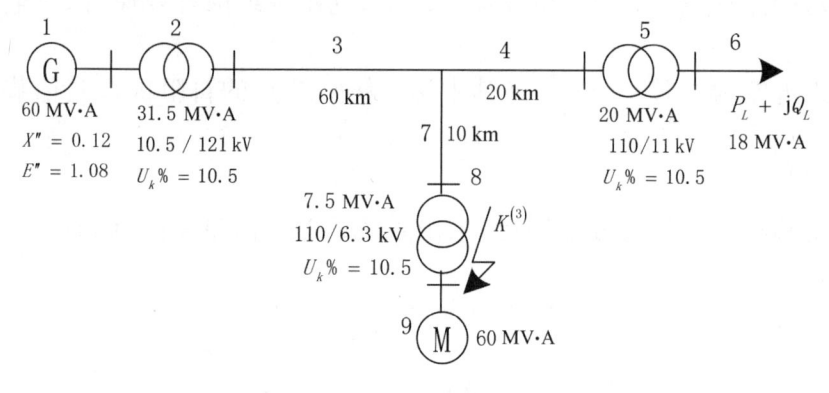

图 5-3　电力系统接线图

二、设计理论依据

复杂电力系统的三相短路起始暂态电流一般可用计算机编程进行分析计算。三相短路起始暂态电流计算算法的基本原理是应用叠加原理，通常在稳态分析潮流计算的基础上，得到各节点在稳态时电压值，设在 $t=0$ 时，节点 K

处短路,则短路前($t=0_-$)该点的电压即为其稳态值,用$\dot{U}_{k(0)}$表示,短路后($t=0_+$)该点的电压等于0。可以看做是$\dot{U}_{k(0)}-\dot{U}_{k(0)}=0$,则短路后的电路可以看成是稳态电路与故障分量等效电路的叠加。其中故障分量等效电路中只有故障点K处有一个反相电压源$-\dot{U}_{k(0)}$,其他节点处的稳态电源设置为0,通过编程求解得到各节点处电压的故障分量$\Delta\dot{U}_i$,与其所在节点的稳态分量$\dot{U}_{i(0)}$叠加后,就可以得到在短路瞬间除短路点(K点)外其他各节点的实际电压为

$$\dot{U}_i=\dot{U}_{i(0)}+\Delta\dot{U}_i \tag{5-13}$$

利用稳态分析时的等值网络作修改,可以得到故障分量等效电路,具体步骤如下:

(1)对于发电机节点,将电压源短路,电抗保持不变。相当于该节点上并接了电抗为X''(发电机的次暂态电抗)的接地支路。

(2)各负荷节点接入代替负荷的接地阻抗支路。

(3)直接介于短路点的大型电动机或综合负荷所提供的起始次暂态电流可另行单独处理。

(4)只有短路点K加上电压源$-\dot{U}_{k(0)}$,利用戴维南等效原理,将电压源等效为注入电流为$-\dot{I}_k''=-\dfrac{\dot{U}_{k(0)}}{Z_{kk}}$(其中$Z_{kk}$为$K$节点的自阻抗),其他节点流入电流均为0。

在得到故障分量等效电路后,求出系统的节点阻抗矩阵,则有:

$$\begin{bmatrix} \Delta\dot{U}_1 \\ \vdots \\ \Delta\dot{U}_k \\ \vdots \\ \Delta\dot{U}_n \end{bmatrix} = \begin{bmatrix} Z_{11} & \cdots & Z_{1k} & \cdots & Z_{1n} \\ \vdots & \ddots & \vdots & \ddots & \vdots \\ Z_{k1} & \cdots & Z_{kk} & \cdots & Z_{kn} \\ \vdots & \ddots & \vdots & \ddots & \vdots \\ Z_{n1} & \cdots & Z_{nk} & \cdots & Z_{nn} \end{bmatrix} \begin{bmatrix} 0 \\ \vdots \\ -\dot{I}_k'' \\ \vdots \\ 0 \end{bmatrix} \tag{5-14}$$

实际上上述的$\dot{I}_k''$就是短路点K的短路电流。这样就可以得到各节点电压的故障分量,代入式(5-13)可以求得节点电压。于是就可以求出其他任一支路的起始次暂态电流,例如节点i与节点j的i-j支路中的起始次暂态电

流为

$$\dot{I}''_{ij}=\frac{\dot{U}_i-\dot{U}_j}{Z_{ij}} \tag{5-15}$$

在近似计算中,可以不作稳态潮流计算,假设故障前各节点电压等于其额定电压平均值。即标幺值为$\dot{U}_{i(0)*}=1$,则可简化为

$$\dot{I}''_k=\frac{1}{Z_{kk}} \tag{5-16}$$

$$\dot{U}_i=\dot{U}_{i(0)}+\Delta\dot{U}_i=1-Z_{ik}\dot{I}''_k=1-\frac{Z_{ik}}{Z_{kk}} \tag{5-17}$$

$$\dot{I}''_{ij}=\frac{\dot{U}_i-\dot{U}_j}{Z_{ij}}=\frac{1}{Z_{ij}}\left(\frac{Z_{jk}}{Z_{kk}}-\frac{Z_{ik}}{Z_{kk}}\right) \tag{5-18}$$

三、设计基本步骤

(1)作系统的等值电路图,并求出各元件的标幺值。

(2)按照叠加原理,作出故障等效电路图。

(3)求故障等效电路图的节点导纳矩阵 **Y**。

(4)求 **Y** 矩阵的逆矩阵,得到阻抗矩阵 **Z**。

(5)根据式(5-16)～(5-18)求出短路点的次暂态电流标幺值和各节点电压标幺值。

(6)根据次暂态电流标幺值和各节点电压标幺值,求得各自的有名值。

四、示例计算

(1)作出电力系统的等效网络图如图 5-4 所示。取 $S_B=100\text{ MV}\cdot\text{A}$,取各级电压的基准值为各级的额定电压平均值,计算各元件的等效参数标幺值如下:

发电机 1 电抗:$X_{1*}=X''_*\dfrac{S_B}{S_N}=0.12\times\dfrac{100}{60}=0.2$

变压器 2 电抗:$X_{2*}=\dfrac{U_k\%}{100}\dfrac{S_B}{S_N}=\dfrac{10.5}{100}\times\dfrac{100}{31.5}=0.333$

线路 3 电抗：$X_{3*} = 0.4 \times 60 \times \dfrac{S_B}{U_B^2} = 24 \times \dfrac{100}{115^2} = 0.182$

线路 4 电抗：$X_{4*} = 0.4 \times 20 \times \dfrac{S_B}{U_B^2} = 8 \times \dfrac{100}{115^2} = 0.061$

变压器 5 电抗：$X_{5*} = \dfrac{U_k\%}{100} \dfrac{S_B}{S_N} = \dfrac{10.5}{100} \times \dfrac{100}{20} = 0.525$

综合负荷 6 的模型为电压源，$E'' = 0.8$，$X'' = 0.35$

负荷 6 电抗归算到统一的基准值：$X_{6*} = X''_* \dfrac{S_B}{S_N} = 0.35 \times \dfrac{100}{18} = 1.944$

线路 7 电抗：$X_{7*} = 0.4 \times 10 \times \dfrac{S_B}{U_B^2} = 4 \times \dfrac{100}{115^2} = 0.03$

变压器 8 电抗：$X_{8*} = \dfrac{U_k\%}{100} \dfrac{S_B}{S_N} = \dfrac{10.5}{100} \times \dfrac{100}{7.5} = 1.4$

大容量电动机 9 的模型为电压源，$E'' = 0.9$，$X'' = 0.2$

电动机电抗归算到统一的基准值：$X_{9*} = X''_* \dfrac{S_B}{S_N} = 0.2 \times \dfrac{100}{6} = 3.333$

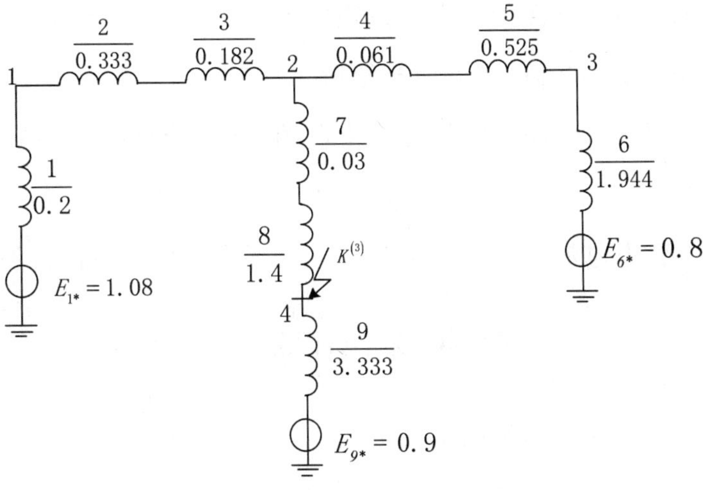

图 5-4　三相短路时的等效电路

（2）按照叠加原理进行分析，先求出其故障等效电路如图 5-5 所示。

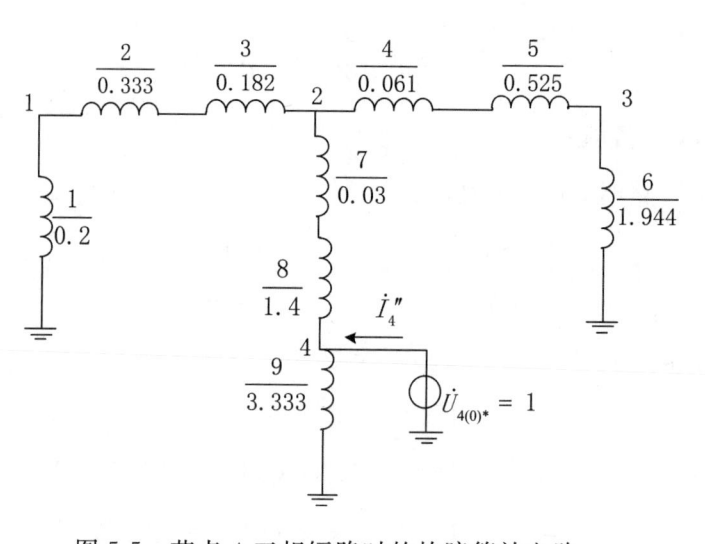

图 5-5　节点 4 三相短路时的故障等效电路

（3）按第三节步骤用 MATLAB 编程求解，程序略。

（4）列出其导纳矩阵（4 阶方阵）：

$$\mathbf{Y}_* = \begin{bmatrix} -j6.9417 & ji.9417 & 0 & 0 \\ j1.9417 & -j4.3475 & j1.7065 & j0.6993 \\ 0 & j1.7065 & -j2.2209 & 0 \\ 0 & j0.6993 & 0 & -j0.9993 \end{bmatrix}$$

（5）对节点导纳矩阵求逆，得到阻抗矩阵：

$$\mathbf{Z}_* = \begin{bmatrix} j0.1831 & j0.1396 & j0.1073 & j0.0977 \\ j0.1396 & j0.4990 & j0.3835 & j0.3492 \\ j0.1073 & j0.3835 & j0.7449 & j0.2683 \\ j0.0977 & j0.3492 & j0.2683 & j1.2450 \end{bmatrix}$$

（6）由式（5-16）可得，在节点 4 短路时，次暂态电流标幺值为

$$I_{4*}^{\&} = \frac{1}{Z_{44*}} = \frac{1}{j1.2450} = -j0.803$$

由式（5-17）可得，在短路瞬间，各节点电压为

$$U_{1*}^{\&} = 1 - \frac{Z_{14*}}{Z_{44*}} = 0.9215$$

$$U_{2*}^{\&} = 1 - \frac{Z_{24*}}{Z_{44*}} = 0.7195$$

$$U_{3*}^{\&} = 1 - \frac{Z_{34*}}{Z_{44*}} = 0.7845$$

(7)求取有名值：

节点 4 短路时,次暂态电流：

$$I_4^{\&} = I_{4*}^{\&} \frac{S_B}{\sqrt{3}U_B} = -j0.803 \times \frac{100}{\sqrt{3} \times 6.3} = 7.3591 \text{ kA}$$

各节点电压：

$$U_1^{\&} = U_{1*}^{\&} * U_B^{\&} = 0.9215 * 10.5 = 9.6758 \text{ kV}$$

$$U_2^{\&} = U_{2*}^{\&} * U_B^{\&} = 0.7195 * 115 = 82.7425 \text{ kV}$$

$$U_3^{\&} = U_{3*}^{\&} * U_B^{\&} = 0.7845 * 10.5 = 8.2373 \text{ kV}$$

五、结论

这里采用近似求法,如果是在稳态分析的基础上叠加故障分量,就可以得出精确解。从计算结果可以看出,由于 2 节点离短路点较近,所以电压下降的幅度较大。节点 1 离短路点较远,且节点 1 附近有发电机,所以电压下降幅度不大。

采用计算机分析,即使三相短路故障分析计及电阻,也可以方便地求解。不仅如此,采用计算机算法后,可以对各节点同时发生三相短路故障的情况进行分析。

第三节　基于 Simulink 的电力系统暂态稳定性分析

电力系统暂态稳定是指电力系统在某个运行情况下突然受到大的干扰后,能否经过暂态过程达到新的稳态运行状态或者恢复到原来的状态。电力系统暂态稳定分析是电力系统分析的重要计算之一。

一、基础资料

运用 MATLAB 的电力系统仿真工具箱 SimPowerSystemsBlockset (PSB)建立典型的单机-无穷大系统为例,进行故障模拟,分析不同切除故障时间下同步发电机的转子角、输出功率、端电压随时间变化的曲线,并对快速切除故障、单相自动重合闸等措施在提高电力系统暂态稳定性方面的作用进行仿真分析。为电力系统的运行与安全稳定分析提供重要的理论参考。简单电力系统图如图 5-6 所示。

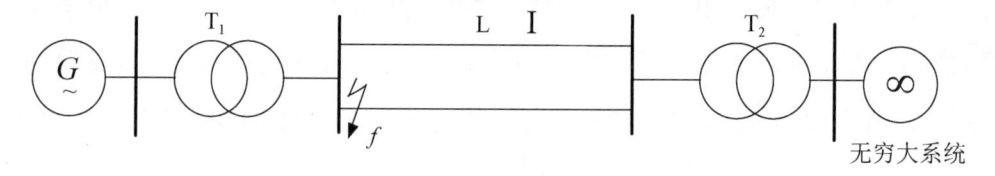

图 5-6　简单电力系统

电网的元件参数如下:

发电机 G:$S_{GN}=322.5$ MV・A,$P_{GN}=300$ MW,$U_{GN}=10.5$ kV,$x'_d=1$,$x''_d=0.252$,$x''_q=0.243$。

变压器 T_1:$S_{T_1N}=360$ MV・A,$U_{kT_1}=14\%$,$k_{T_1}=10.5/242$。

变压器 T_2:$S_{T_2N}=360$ MV・A,$U_{kT_2}=14\%$,$k_{T_2}=220/121$。

输电线路 L:$l=250$ km,$U_N=220$ kV,$k_{T_2}=220/121$,$x_1=0.4$ Ω/km,

$r_1 = 0.07$ Ω/km,线路的零序阻抗为正序阻抗的 5 倍。

运行条件：$U_0 = 115$ kV，$P_0 = 250$ MW，$\cos\varphi_0 = 0.95$。

二、设计理论依据

分析简单电力系统的暂态稳定性,需要分析它在正常运行、故障瞬间及故障切除后的暂态过程并进行比较。

(1)电力系统正常运行时,其等效电路图如图 5-7 所示,发电机的电磁功率方程为：

$$P_1 = \frac{E_G U}{X_1}\sin\delta \tag{5-19}$$

其中 $X_I = X'_d + X_{T_1} + \dfrac{1}{2}X_L + X_{T_2}$,式中用下标 I 表示没有出现故障时第一种情况。

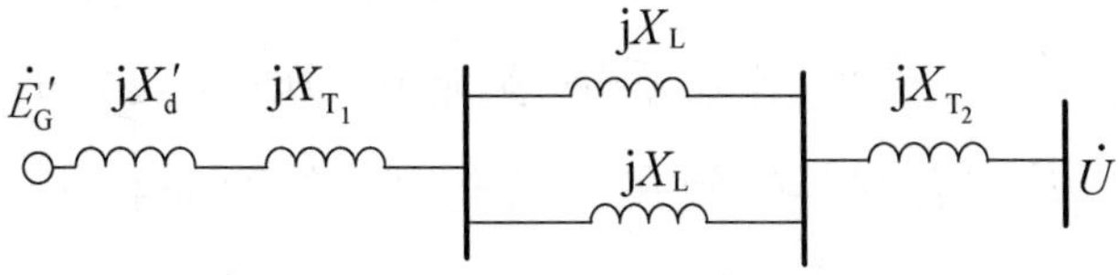

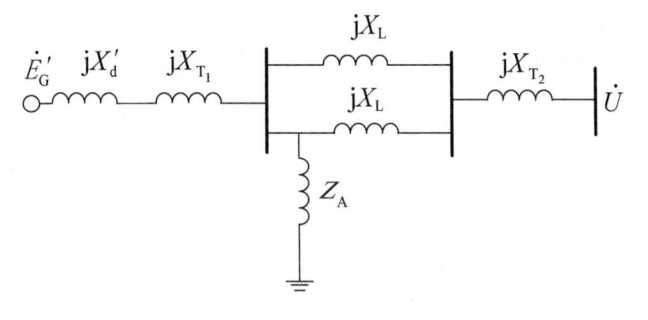

图 5-7　正常运行时等效电路

(2)如果某一瞬间在 T_1 的高压母线附近发生了不对称故障,则根据正序等效定则,在简单不对称故障的情况中,短路点电流的正序分量,与在短路点的每一相中加入附加阻抗 Z_A 而发生三相短路时的电流相等,这里忽略电阻,有 $Z_A = jX_A$,其等效电路如图 5-8 所示。

图 5-8　故障瞬间等效电路

根据戴维南定理,可得短路瞬间的功角特性为

$$P_{\text{II}} = \frac{E_{\text{G}}U}{X_{\text{II}}}\sin\delta \qquad (5\text{-}20)$$

其中 $X_{\text{II}} = X_{\text{I}} + \dfrac{\left(\dfrac{1}{2}X_{\text{L}} + X_{\text{T}_2}\right)(X'_{\text{d}} + X_{\text{T}_1})}{X_{\text{A}}}$。明显地,$X_{\text{II}} > X_{\text{I}}$,由式(5-20)可见,在同样的功角下不对称短路时的发电机的电磁功率 P_{II} 要小于正常运行的 P_{I}。如果是三相短路,则附加阻抗为 0,X_{II} 位无穷大,即三相短路时,发电机与电力系统完全断开,发电机输出功率为 0。

(3)短路发生后,电力系统的保护设备就要动作,切除短路的线路。切除故障线路后的等效电路如图 5-9 所示。

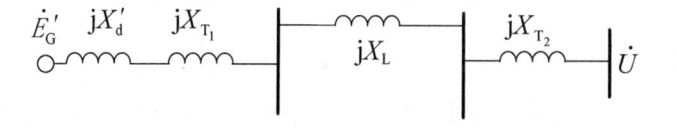

图 5-9 故障线路切除后的等效电路

此时的功率特性为

$$P_{\text{III}} = \frac{E_{\text{G}}U}{X_{\text{III}}}\sin\delta \qquad (5\text{-}21)$$

其中 $X_{\text{III}} = X'_{\text{d}} + X_{\text{T}_1} + X_{\text{L}} + X_{\text{T}_2}$。一般情况下,$X_{\text{II}} > X_{\text{III}} > X_{\text{I}}$,因此 P_{III} 曲线介于 P_{I} 与 P_{II} 之间,如图 5-10 所示。

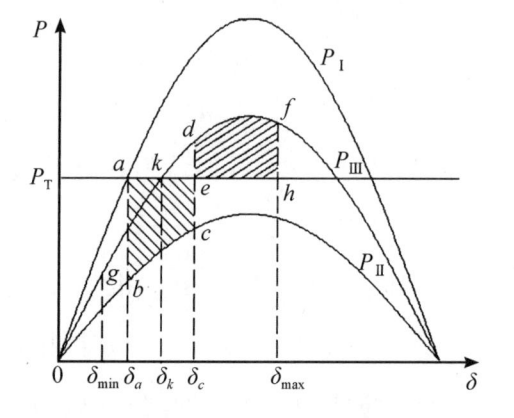

图 5-10 暂态过程分析示意图

设正常运行点为 a 点,故障后假定调速器没有动作,则在短路瞬间功率曲线从 P_I 突变成 P_{II},运行点从 a 跳到 b 点,功角仍为 δ_a,这时,因为原动机输入的机械功率 P_T 大于 P_{II} 曲线上相应的电磁功率,所以转子加速,δ 角增大,运行点沿 P_{II} 曲线移到 c 点。设运行点在 c 点这一瞬间故障切除,运行点即从 c 点跳到 P_{III} 曲线上的 d 点。此时在 P_{III} 曲线上相应 d 点的电磁功率大于 P_T,转子开始减速,一直到 f 点,角速度 $\omega = \omega_0$,功角达到最大 δ_{max},此时虽然发电机恢复了同步运行,但此时的电磁功率仍大于 P_T,发电机的转速 ω 继续下降,相对速度 $\Delta\omega < 0$,于是功角 δ 开始减小,电力系统运行点沿着 $f-d-k-g$ 进行,一直到 g 点,功角最小为 δ_{min},此后电力系统的运行点以 k 点为中心来回振荡,考虑到阻尼作用的存在,振荡逐渐衰减,最后电力系统在 k 点稳定运行,电力系统达到新的稳态平衡。也就是说系统在短路这个大干扰下保持了暂态稳定。

由以上分析可见,电力系统的初始运行状态,扰动的情况和何时排除扰动都会影响电力系统的暂态稳定性,必须通过定量分析计算确定,下面介绍目前常用的判断方法——等面积定则。等面积定则是判断简单电力系统稳定性的一种近似方法。

在前面的讨论中可以看到,故障发生后,运行点沿功率曲线 P_{II} 从 b 点到 c 点,功角从 δ_a 到 δ_c 的过程中,原动机输入的能量大于发电机输出的能量,多余的能量将使发电机转速升高并转化为转子的动能而储存在转子中。功角从 δ_a 到 δ_c 的过程中,过剩力矩所做的功为

$$W_I = \int_{\delta_a}^{\delta_c} \frac{(P_T - P_{II})}{\omega} d\delta \qquad (5\text{-}22)$$

因发电机转速偏离同步转速很小,近似认为在这个过程中有 $\omega \approx \omega_n$,采用标幺值表示时,有

$$W_I \approx \int_{\delta_a}^{\delta_c} (P_T - P_{II}) d\delta \qquad (5\text{-}23)$$

从数学上来看,式(5-23)积分可以表示为 $P\text{-}\delta$ 图中面积,在图 5-10 所讨论的暂态过程中,如果不计能量损失,加速期间过剩转矩所做的功,将全部转化为转子的动能。在标幺值计算中,转子在加速过程中获得的动能增量就等

于图 5-10 中 $abce$ 四点所围的阴影部分的面积,这块面积称为加速面积 S_1。

另外,故障切除后,运行点沿功率曲线 $P_Ⅲ$ 从 d 点到 f 点,功角从 δ_c 到 δ_{max} 的过程中,原动机输入的能量小于发电机输出的能量,不足的部分由发电机转速降低而释放的动能转化为电磁能来补充。功角从 δ_c 到 δ_{max} 的过程中,能量变化用标幺值表示为

$$W_Ⅱ \approx \int_{\delta_c}^{\delta_h} (P_Ⅲ - P_T)\mathrm{d}\delta \tag{5-24}$$

$W_Ⅱ$ 为负值,表示这部分动能的增量为负值,即动能减少,若不计及能量损失,转子在减速过程中释放的动能就等于图 5-10 中的 d、e、h、f 四点所围的阴影面积,这块面积称为减速面积 $S_Ⅱ$。

当不计及能量损失时,动能增量为 0,即 $\Delta\omega = 0$,于是有加速面积等于减速面积,即 $S_Ⅱ = S_Ⅰ$,这就是等面积定则。

根据等面积定则就可以确定系统暂态稳定的临界条件。从图 5-11 可以看到,在给定的电力系统条件下,当故障切除角 δ_c 一定时,有一个最大可能的减速面积(d、e、h 所围成的阴影面积)。如果最大可能减速面积小于加速面积,运行点将沿 $P_Ⅲ$ 曲线越过 h 点,此时发电机的转速仍高于同步转速,但输出的电磁功率小于输入的机械功率,所以发电机又开始加速,将导致发电机失步。所以最大可能的减速面积大于加速面积是保持暂态稳定的必要条件。从图 5-11 可以看出,有这样一些因素影响加速面积和减速面积,进而影响暂态稳定性。

①三条功率特性曲线 $P_Ⅰ$、$P_Ⅱ$、$P_Ⅲ$,通过对具体电力系统、故障类型及排除故障的方法确定。

②正常运行点 a,包括原动机的输入机械功率 P_T。

③故障切除的时间 t。

在前两个因素确定的前提下,从图 5-11 可以看到,当最大可能的减速面积小于加速面积时,如果减小切除角 δ_c,既减小了加速面积,又增大了最大可能减速面积,就有可能使原来不能保持暂态稳定的系统变成可能保持暂态稳定了。应用等面积定则可以很方便地确定极限切除角

$$\int_{\delta_a}^{\delta_{c \cdot lim}} (P_T - P_Ⅱ)\mathrm{d}\delta + \int_{\delta_{c \cdot lim}}^{\delta_h} (P_Ⅲ - P_T)\mathrm{d}\delta = 0 \tag{5-25}$$

在图 5-11 上可以看到,就是使 a、b、c、e 点所围的阴影面积等于 d、e、h 点所围的阴影面积时对应的 c 点的功角。

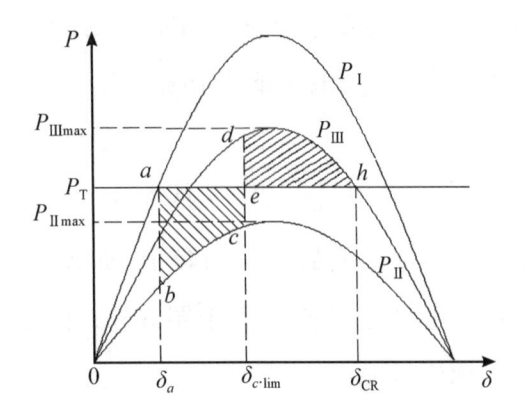

图 5-11   极限切除角原理示意图

对式(5-25)积分并整理得

$$\delta_{c \cdot \lim} = \arccos \frac{P_T(\delta_h - \delta_a) + P_{\mathrm{III}\max}\cos\delta_h - P_{\mathrm{II}\max}\cos\delta_a}{P_{\mathrm{III}\max} - P_{\mathrm{II}\max}} \tag{5-26}$$

式中 $\delta_h = \pi - \arcsin\dfrac{P_T}{P_{\mathrm{III}\max}}$。求出故障极限切除角后,通过求解故障时发电机转子运动方程确定功角随时间变化的特性曲线 $\delta(t)$,可在 $\delta(t)$ 曲线上求出对应的故障极限切除时间 $t_{c \cdot \lim}$。若继电保护设备的实际切除时间小于故障极限切除时间 $t_{c \cdot \lim}$,则系统是暂态稳定的,反之则不稳定。

上述分析能够近似分析暂态稳定性,若想要精确分析电力系统中的电磁变量和机械运动变量在暂态过程中的变化,是非常复杂和困难的,所以一般通过电力系统动态仿真。由于电力系统的动态仿真研究不能在实验室进行的电力系统运行模拟得以实现。因此,判定一个电力系统设计的可行性时,可以先在计算机上进行动态仿真研究。

三、设计基本步骤

基于 Simulink 的电力系统暂态稳定仿真具体步骤如下:

(1)启动 Matlab/Simulink;

(2)在 Simulink 下新建.model 文件,把相关的电力系统模块拖入.model

文件中；

（3）设置相关元器件的参数，并搭建模型；

（4）在 Simulink/Simulink Parameter 对话框中设定合适的变步长积分方法；

（5）开始仿真，系统会检查出错误和警告，进行一一解决；

（6）故障切除时间分别设置为 0.1 s 和 0.5 s，观察同步发电机的转子角、输出功率、端电压随时间变化的曲线；

（7）对继电保护装置设置单相自动重合闸，观察同步发电机的转子角、输出功率、端电压随时间变化的曲线。

四、示例计算

根据电网一次系统接线图在 simulink 建立单机-无穷大系统的仿真模型，如图 5-12 所示，并按基础资料设置各个元件的参数。

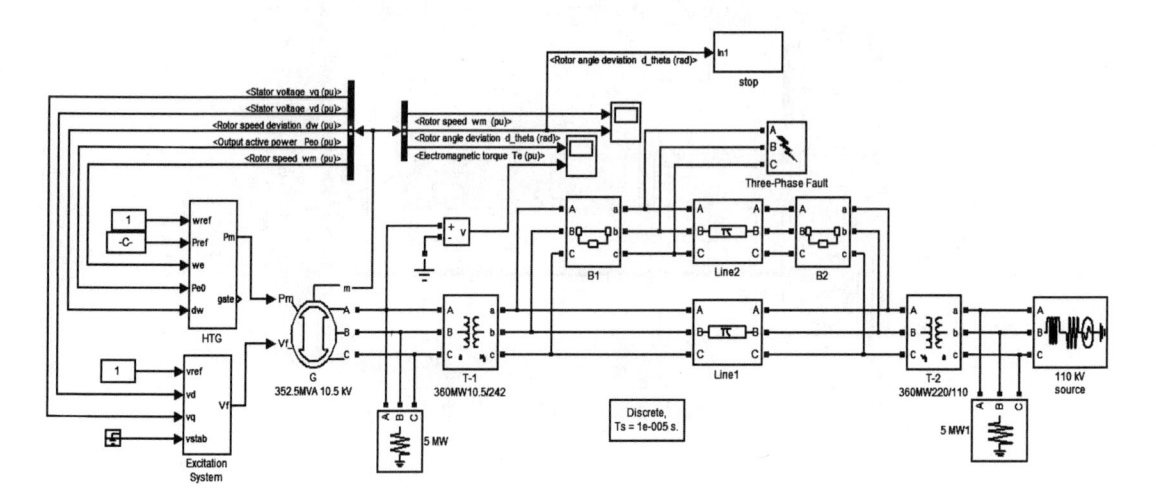

图 5-12 单机-无穷大系统的仿真模型图

（1）快速切除故障对暂态稳定的影响：分别设置故障切除时间为 0.1 s 和 0.5 s。

①0.1 s 切除故障：设置系统在 0.1 s 时发生三相短路故障，并对继电保护装置设置故障 0.1 s 后切除故障，发电机的转子角和标幺值转速曲线如图 5-13（a）所示，输出功率和端电压变化曲线如图 5-13（b）所示，可以看出故障切

除后系统能够稳定运行，即暂态稳定。

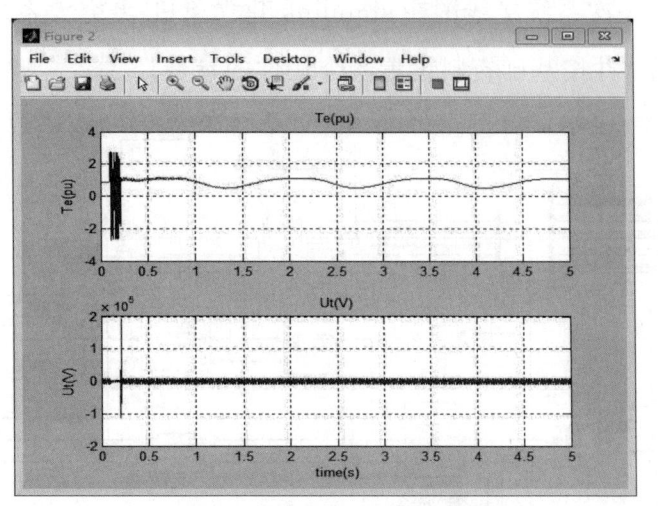

（a）转子角和标幺值转速曲线

（b）输出功率和端电压变化曲线

图 5-13　0.1 s 切除故障相关曲线图

②0.5 s 切除故障：设置系统在 0.1 s 时发生三相短路故障，并对继电保护装置设置故障 0.5s 后切除故障，发电机的转子角和标幺值转速曲线如图 5-14（a）所示，输出功率和端电压变化曲线如图 5-14（b）所示，可以看出故障切除后系统最终不能稳定运行，即暂态不稳定。

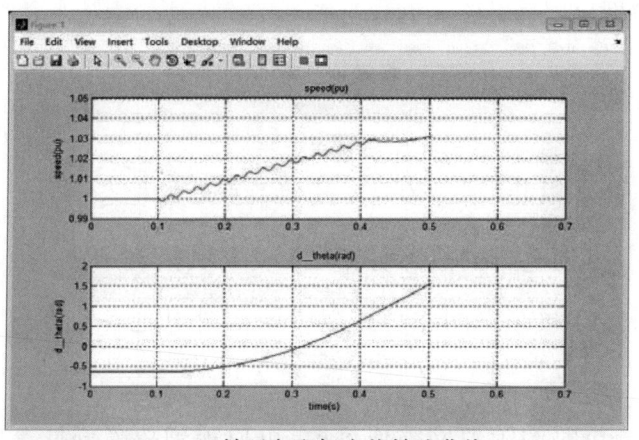

（a）转子角和标幺值转速曲线

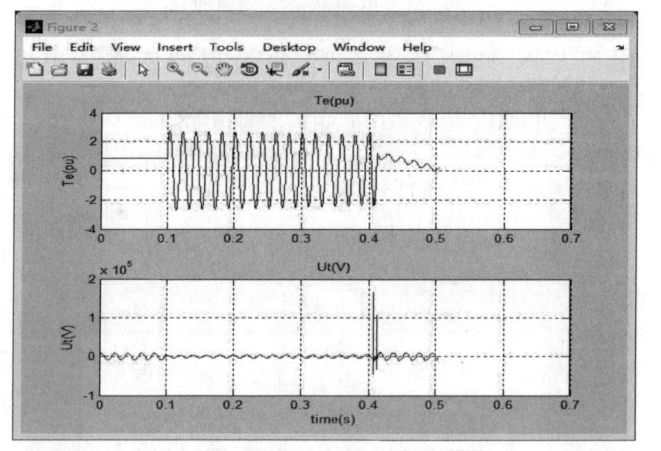

（b）输出功率和端电压变化曲线

图 5-14　0.5 s 切除故障相关曲线图

　　(2)快速切除故障对暂态稳定的影响：设置 0.2 s 时切除故障，并对比有无自动重合闸。

　　①无自动重合闸：设置系统在 0.1 s 时发生三相短路故障，并对继电保护装置设置故障 0.2 s 后切除故障，发电机的转子角和标幺值转速曲线如图 5-15(a)所示，输出功率和端电压变化曲线如图 5-15(b)所示，可以看出故障切除后系统不能稳定运行，即暂态不稳定。

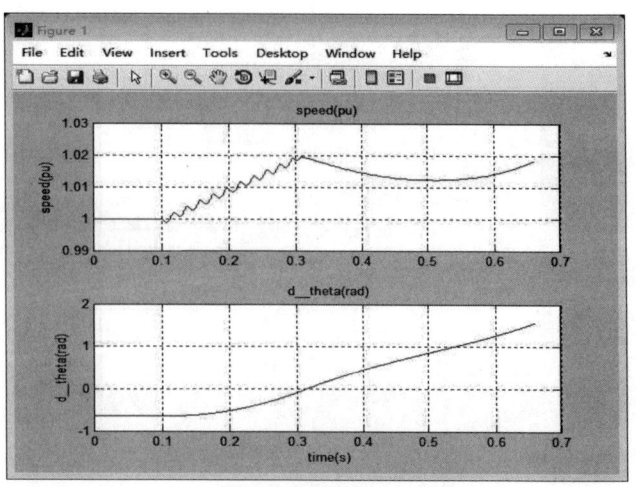

（a）转子角和标幺值转速曲线

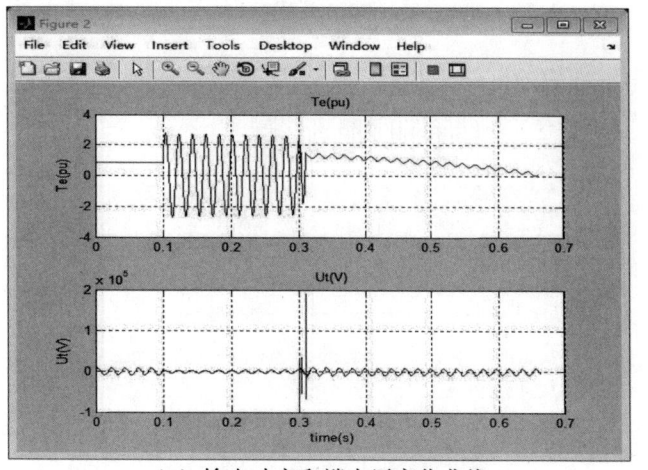

（b）输出功率和端电压变化曲线

图 5-15　无自动重合闸相关曲线图

　　②设置自动重合闸：设置系统在 0.1 s 时发生三相短路故障，并对继电保护装置设置故障 0.2 s 后切除故障，再过 0.05 s 时，即当 0.35 s 时自动重合。发电机的转子角和标幺值转速曲线如图 5-16(a)所示，输出功率和端电压变化曲线如图 5-16(b)所示，可以看出故障切除后系统能够稳定运行，即暂态稳定。

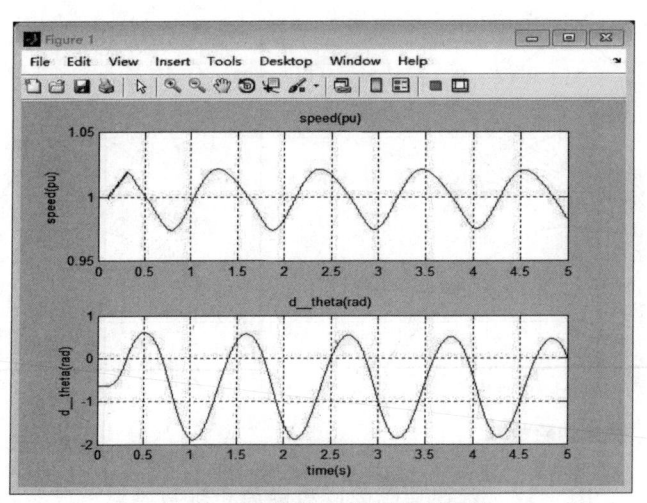

（a）转子角和标幺值转速曲线

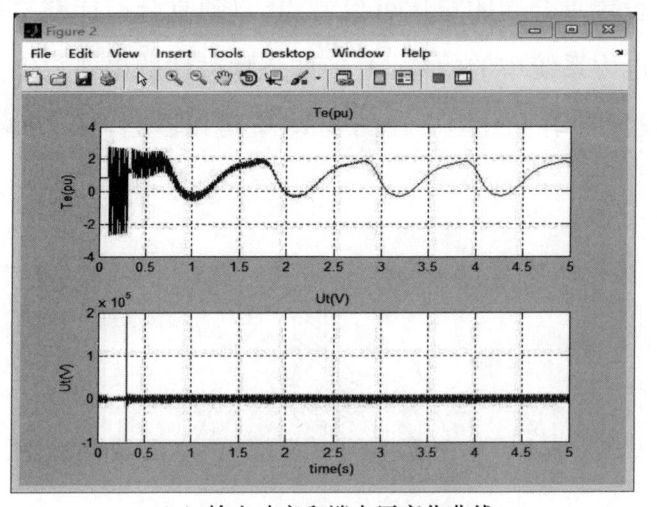

（b）输出功率和端电压变化曲线

图 5-16　设置自动重合闸相关曲线图

五、结论

通过仿真结果可以看出：快速切除故障对提高电力系统的暂态稳定性有决定性的作用，在图 5-17 中可以看到快速切除故障可以减小加速面积，增加减速面积，从而提高了发电机与电力系统并列运行的稳定性。

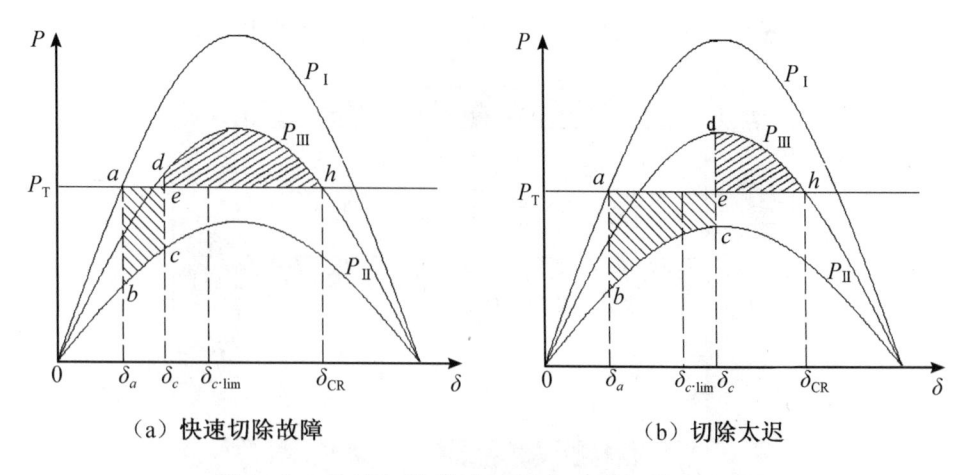

（a）快速切除故障   （b）切除太迟

图 5-17　快速切除故障可提高系统暂态稳定性

通过有无设置重合闸的对比可以看出，自动重合闸能够提高电力系统的暂态稳定性。电力系统中的故障，大多都是瞬时性的电弧放电造成的短路故障，所以可以设置自动重合闸。在图 5-18 中可以看到，自动重合闸可以增加减速面积。

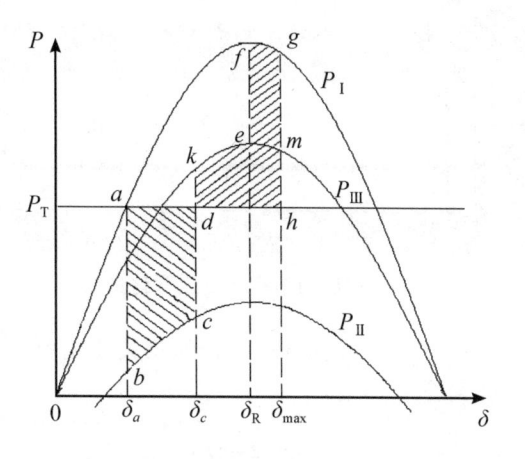

图 5-18　自动重合闸对暂态稳定性的影响